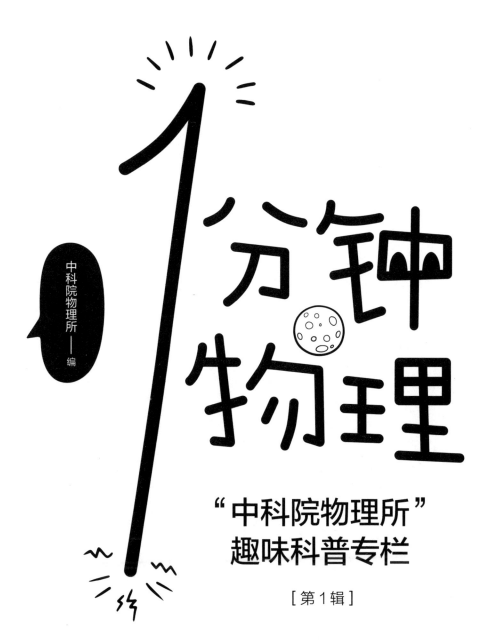

中科院物理所——编

1分钟物理

"中科院物理所"
趣味科普专栏

［第1辑］

北京联合出版公司
Beijing United Publishing Co.,Ltd.

编委会

主　编：文　亚

副主编：魏红祥　　成　蒙

委　员：程　嵩　　李治林　　姜　畅　　吴宝俊
　　　　李　淼　　刘新豹　　张圣杰

推荐序

　　好奇是人类的天性，也是科学发现的原动力。各位读者朋友，你们可曾对大自然的现象产生过好奇？比如：浪花为什么是白色的？闪电为什么总是弯弯曲曲的？用手机拍摄电视屏幕为什么会有黑色条纹？……幼时的我们不会想到，一些看似普通的问题其实是我们接触物理学的起点。随着年龄的增长、知识面的拓宽，有些简单的问题很容易解答；但有时候又会衍生出更多更新奇的问题或想法，总也得不到令人满意的答案。随着技术的进步，我们接触到的现象越来越多，其中涉及的科学知识越来越广，新事物出现的速度越来越快，科普工作者必须探索更新更有效的手段来满足和进一步启发大家的好奇心。

　　2016 年 4 月，中科院物理所几位年轻的科研工作者在物理所微信公众号上创办了"问答"专栏。专栏一经创办，就引起粉丝们的强烈反响，掀起了一股向物理所公众号提问的热潮。专栏收到很多非常有趣的问题，而参与答题的人也从物理所的几位师生，扩展到兄弟院所和其他高等院校的研究人员。很快，"问答"成了众多粉丝每周期待的栏目。"问答"专栏到现在已经持续了一百多期，而本书的内容正是取自该专栏的精华，读者们的问题分别归纳为生活篇、脑洞篇、学习篇、宇宙篇和量子篇五个部分。有的问题很简单，但背后却蕴藏着深刻的物理知识；有的问题角度新奇，阅读答案的过程就像坐上了一辆科学的趣味列车。在这里，有些问题会有确定的答案；有些问题却只能在"答案"的引导下让人产生进一步的想象空间；有些问题甚至连科学家还没有定论。

正如书名《1分钟物理》所言，书中的大部分问题与答案可能只需要一两分钟就可以读完，读者在碎片化的时间中可以汲取科学的养分。然而，在惊叹物理学有多奇妙的同时，我们必须记住，仅仅一两分钟的时间很难彻底搞清楚一个物理问题，答案的提供者也无法确保所有的回答面面俱到。好的问题是一次探索的起点，但好的解答往往并不是探索的终点。这里的回答更像是一把钥匙，帮你开启一扇好奇之门，门内更广阔、更丰富的物理世界，需要读者自己去发掘。希望这本书中的问题和答案可以让你对物理学多一点兴趣，对生活和大自然多一些好奇。

科学知识是人类共同的财富，探求未知，并与更多的人共享，是科研人员的强烈愿望。物理所微信公众号的红火，依靠的是一批铁杆粉丝，其骨干是一批活跃在科学前沿的青年研究人员和充满活力的研究生，他们的激情是"问答"专栏的坚强支撑。专栏的创立和进一步提升是"大众科普"的最新尝试，它不仅传播科学知识，更着力于培育科学文化：好奇是求知的动力，质疑是创新的起点。我非常赞赏年轻同事和同学的激情和付出，热忱向读者朋友推荐这本非比寻常、大开脑洞的优秀读物。

愿"专栏"越办越好！期待《1分钟物理》第二辑早日和读者见面！

于渌

2019年1月于北京

（序言作者系理论物理学家、中国科学院院士）

生活篇

01. 为什么晚上看路灯时会看到光"芒"（就是往外发散的那种线条）？

人眼能看见光芒的主要原因有两个。

第一个原因关乎衍射，这是任何光学系统都无法避免的问题。利用基尔霍夫衍射公式，我们可以较为精确地计算出不同形状光圈所产生的衍射图案，即光芒线的条数和延伸长度。拍摄很远处的物体时，入射光近似于平行光，对光圈做二维傅里叶变换可以近似得到衍射图案。

当然，要拍出光芒，你并不需要懂得这些复杂的数学。定性来看，光源越亮，光圈越小，由衍射造成的光芒现象也会越明显。

对人眼来说，这里的光圈可以替换成瞳孔。正常情况下瞳孔是圆形的，理论上不应该看见光芒，而应该看见"光晕"。不过，由于眼球或眼镜片表面不洁净，这种不对称的衍射现象仍有可能发生。

我们可以做个实验：在相机镜头前粘上几根头发丝，看看能照出什么现象来。

◆ ◆ ◆

02. 和金属做的碗相比，为什么塑料碗比较容易积聚油渍呢？

高中化学课会讲"相似相溶原理"——极性分子和金属离子较易溶于极性溶剂，而非极性分子较易溶于非极性溶剂，即极性相似的分子间一般亲和力更强。这里也有类似的原因。

绝大多数油脂都是非极性分子或弱极性分子，而生活中常见的大多数塑料（聚乙烯、聚丙烯、聚酯等有机高分子材料）亦是如此。因此，油脂和塑料之间的相互作用较强，而与金属材料的相互作用较弱，油脂更容易附在塑料表面。许多陶瓷材料以离子晶体为主，一般来说也会体现一定的极性，因此不容易粘上油脂且易于清洗。此外，某些塑料分子上会有一些易于和油脂亲和的基团，这些基团也会起到一定的"粘"油的作用。

综上所述，一般情况下塑料会更粘油。当然也有例外，比如，聚全氟烯烃等塑料不易"粘"任何东西。

• • •

03 . 人体的安全电压是 36V。为什么没听说过有安全电流呢？到底是电压危险还是电流危险？

考虑到人体的情况，高电压不一定会杀掉你，但是强电流一定会杀掉你，而低电压一定不会在人体产生强电流，所以低电压一定是安全的。（哇……真像绕口令。）

那为什么不直接写安全电流呢？因为电网的标准里只有电压是恒定不变的，这样有利于电网中的负载正常运转，而电流是随电网中的负载随时变化的。所以综上所述：第一，安全电压不是保障安全的直接原因，却是安全的充分条件；第二，设置安全电压在可操作性上比设置安全电流强得多。

• • •

04 . 下雨时是部分地区下雨，那为什么我们平时看不见或者接触不到下雨与不下雨的交界处？

其实下雨的地方和不下雨的地方是有比较明显的分界的，物理君在开阔的荒野中就经常看到。只是一些原因让我们不太方便看到这个现象。

首先，云层距离地面几百到几千米不等，非常高，雨滴在下落过程中会因为受到风的扰动而随机散开，导致边界模糊；其次，边界区域相对于云朵整体面积而言，占比较小，观察者不容易碰巧处在边界附近；最后，云朵在风力作用下移动，速度可轻松达到几十米每秒，边界快速移动，对观察者而言也是一晃而过。

总之，当天气晴朗、土地干燥时，如果突然遇到阵雨且雨滴较重、风速较小，我们很容易看到云朵下雨区域的干湿交界。这也符合日常生活的经验。

◆ ◆ ◆

05. 为什么自行车车胎充气后骑着轻，没气时骑着重？

理想情况下，自行车在公路上行驶不需要外力驱动。实际情况下，理想的条件不能被满足。当自行车胎没气时，行驶过程中车胎一直处在压扁—释放—压扁—释放的状态，这个过程使大量的机械能转化成内能，能量利用率降低，所以自行车骑起来会变重。

有人可能会问：为什么不直接去掉车胎？答案很简单，首先，如果去掉车胎，轮毂和地面就形成刚性接触，受力非常不均匀，容易造成轮毂损伤。其次，骑车的人会觉得颠簸很厉害，骑行体验不好。最后，轮胎可以增加车轮和地面的摩擦力，减少打滑。

◆ ◆ ◆

06. 为什么流动的水不易结冰？

这个和结晶过程需要水分子在凝结核周围有序地聚集有关。静水在达到冰点时，如果水中存在凝结核，水就会慢慢在凝结核周围结晶成冰，凝结过程正是从这些凝结核开始扩散到整个水存在的区域的。但是如果水流动起来，造成的扰动就会对水分子在凝结核周围的有序聚集起到一定的破坏作用，从而使得冰冻过程变得困难。

比较有意思的是，水在缺少凝结核的时候会形成过冷水（低于冰点却不冰冻的水）。与之相对应，水在缺少汽化核的情况下会形成过热水（高于沸点却不沸腾的水）。

07. 网传冰糖的摩擦荧光是真的吗？如果是，还有哪些晶体存在摩擦荧光？

冰糖是真的有摩擦荧光。

想见证奇迹的朋友可以做一个小实验：找一个透明的、内部干燥（一定要干燥，越干燥现象越明显）的矿泉水瓶，用其 1/4 的容量装大块冰糖。在一个月黑风高的夜晚，拉上窗帘，关上灯，让室内伸手不见五指，然后迅速地摇晃塑料瓶，这时你就会看到瓶中的冰糖一下下地发出蓝紫色的闪光。摇得越快，现象越明显！

你可能不知道，摩擦荧光（Triboluminescence）的研究历史已经有几百年了，早在 17 世纪就有人发现摩擦糖块会发出亮光。其机理在大卫·哈里德（David Halliday）的《基础物理学》（*Fundamentals of Physics*）里面有所叙述。由于冰糖晶体的非对称性，冰糖在断裂过程中断面会带上正负电荷，这相当于把振动摩擦的机械能转化为了电势能。而电荷中和的放电过程激发了空气中的氮分子，将能量以荧光形式放出。能以相似机理摩擦发光的晶体还有 LiF、NaCl、SiC 等。

虽然多种晶体都有相似的发光现象，但是这背后蕴含的机理问题很多。比如，晶体的压电效应、扭曲和位错都能引起发光；还有些晶体不像冰糖这样靠激发氮分子来发光，而是因晶体本身被激发而发光。摩擦荧光也不限于非对称晶体，在某些对称晶体上也能观察到该现象。这些问题都有待人们去研究。这么看来，一个不起眼的小现象说不定蕴含着很多大学问呢！

◆ ◆ ◆

08. 夏天，地面附近会有类似火焰一样的透明的跳动。这是为什么？

太阳光透过空气加热地面。→地面通过热传导加热紧挨着地面的空气。→空气受热膨胀，体积增加、密度变小。→密度变小之后，空气开始上浮，并与上方的冷空气不断碰撞。→空中形成了很多不同密度空气的交界面，这些交界面随着冷热空气的碰撞不断改变。→不同密度的空气有不同的折射率，光线穿过交界面时发生折射。→于是，你就看到了像火焰一样透明的跳动。

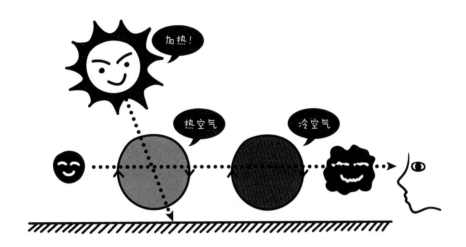

• • •

09. 为什么会有风？

因为有太阳。

太阳光加热了地球表面，地球表面加热了空气。这里有个关键点：地球表面不一定是同质的。比如，海水比热容比陆地大，所以陆地在同样的日照情况下升温比海洋快，这就使陆地上方的空气比海洋上方的空气更热。我们刚刚说了，热空气要往上运动，它们走了之后在地面留下一个低气压区域。虽然海洋上方的空气也在往上运动并制造低气压，但它们没有那么热，所以上升得不如陆地上方的空气快。相对于地面来说，它们处在高气压区域。于是气体从高压区域流向低压区域，海风就从海洋吹向陆地了。而到了晚上，陆地迅速降温，这时海洋表面比陆地热，风又会从陆地吹向海洋了。

本质上讲，风就是太阳光驱动的热对流现象。

◆ ◆ ◆

10. 我该如何说服长辈手机电磁辐射是基本无害的？

从物理的角度来说，手机辐射是非电离辐射，而且功率很小，不会破坏有机分子，也不会对人体造成伤害。

从医学实验的角度来说，没有显著证据证明手机辐射与生理性疾病存在因果关系。

就说是物理君说的。

◆ ◆ ◆

11. 电磁炉的波对人有危害吗？请问（城市万伏变压）变压器旁边的电磁辐射对人的影响有多大？

科学未发现生活中常见的辐射来源——手机、电脑屏幕、Wi-Fi、电磁炉、微波炉、信号基站、高压变压器，等等——对人体有任何辐射伤害，只要使用者规范使用不作死。

作死举例：（1）强行打开正在运行的微波炉；（2）跑进变压器里玩捉迷藏；（3）把脸贴到正在运行的电磁炉上。

当然，这里不排除其他伤害，比如被变压器砸死什么的。

真正会带来辐射伤害的常见物品包括地铁与机场的 X 射线安检仪（不包括金属探测器）、烟草、医院的 X 光机、胸透仪、CT 仪、高空宇宙射线、放射性矿物质。

当然，不谈剂量就谈毒性也是非常不科学的。目前已证明的对人体健康明显有害的辐射剂量最小值是 100 毫西弗。一个普通的正常人一年能承受的辐射剂量一般为 2 ～ 3 毫西弗。地铁安检仪泄漏的辐射剂量可忽略不计。坐飞机往返一次东京或纽约大约要承受 0.2 毫西弗，和一次胸透差不多。一次头部 CT 扫描大概 1 毫西弗，而与一个每天吸 30 支烟的人同居一年吸入的二手烟的剂量也有 1 毫西弗。一次胸部 CT 大概 5 毫西弗，全身 CT10 ～ 20 毫西弗。一个每天吸 30 支烟的吸烟者一年承受的辐射剂量为 13 ～ 60 毫西弗。

另外，放射性职业工作者一年累计全身受职业照射的上限是 20 毫西弗，受辐射达到 200 毫西弗时白血球减少，1000 毫西弗时出现明显的辐射症状（恶心、呕吐、水晶体混浊等），2000 毫西弗时致死率会达到 5%，3000 ～ 5000 毫西弗时致死率大约是 50%，10000 毫西弗以上基本上就"妥妥滴"了。

◆ ◆ ◆

12. 一个火车头为什么能拉动这么多的车厢呢？

物理君要先告诉大家一个有点反直觉的模型：在平整的刚性地面上，有一个正圆、刚性、质量均匀的轮子在无滑动滚动，即便不给轮子施加外力，它仍然可以一直维持匀速直线运动状态，直到永远。

由此可见，理想情况下，维持一辆车的运动并不需要额外施力（此处不考虑内部摩擦）。当然，对于实际情况，我们所设置的一系列条件（刚性、平整、正圆等）都不能完全满足，但是因为轮子的存在，维持火车的运动并不会"特别难"。再不济，我们还可以增加牵引车头或者使用更重的牵引车头。

事实上，火车头拉动车厢最难的阶段是在启动的时候，让车厢从静止状态转变到运动状态要比维持运动难得多。不过，启动时所有车厢并不是同时启动的，而是车头带动第一节车厢，然后车头和第一节车厢共同带动第二节车厢，直到最后一节车厢被带动，这样就完成了整车的启动，这种"逐个击破"的手段保证了较轻的车头也能拉动较重的车厢。

◆ ◆ ◆

13 . 为什么硬的东西都是脆的？

这个问题好有趣。要回答也不难，我们要先定义一下什么叫"硬"，什么又叫"脆"。所谓"硬"，就是抵抗压强导致的形变的能力。所谓"脆"，就是忍受形变的能力很小，延展性差，稍有形变就会遭到破坏。

不过需要说明的是，这个问题本身并不普遍成立。比如，钢铁硬而韧，石墨软却脆。这里只针对成立的情况做一些说明。

为了说得更清楚，我们先列举几个硬东西：金刚石、大理石、蓝宝石、水晶、玻璃。我们再列举几个延展性好的软东西：橡皮筋、塑料袋、你的脸。

不知道你注意到没有，这两类东西最大的区别在于，硬的东西都是直接通过原子的共价化学键相连的（注意，玻璃不是晶体，但其内部也是通过共价键相连的，只是没有周期结构而已），而软的东西都通过氢键和分子间力拴在一起。

这样问题就很简单了，共价键的强度远大于氢键和分子间力，因此共价键很难被拉开，分子间力却很容易被破除。在产生相同的形变时，以共价键相连的物体需要更多的功，于是表现得"硬"。但共价键本质上是原子外层电子波函数的叠加，所以作用范围非常小，跟原子的尺度是一样的。也就是说，共价键稍微被拉远一些就无法继续保存了。而分子间力不要求波函数直接叠加，所以作用范围大得多（比如橡皮筋中的分子间力主要依靠熵增）。于是，硬的东西往往比软的东西"脆"。

注意，我在这里回避了金属键的软硬问题，因为金属的软硬分析比较复杂，要分析具体的晶体结构，要分析位错的生长，以及具体的杂质带来的位错钉扎。

• • •

14. 坐在火车上透过玻璃往外看，离得越近的东西"走"得越快（比如铁轨和路杆），而远的东西（比如建筑和树）好像就"走"得比较慢。这是为什么？

因为它们"走"过你视野的快慢不同。

所有这些静止的物体相对于你的速度都是一样的，此其一。你的视野范围大致在一个圆锥里面，距离越远（越接近圆锥的"大头"），你能看到的范围就越大，此其二。

假设火车的速度是 10 米 / 秒，对于离你只有 2 米远的景物，你的视野是一个半径几米的圆，所以 2 米远处的路杆可以在 1 秒内从你的视野中出现又消失；而对于离你 1000 米的景物来说，你的视野是一个半径数千米的大圆，于是这棵树会优哉游哉地在你眼中待上好几分钟。

近处景物

远处景物

15.1秒有多长？ 1秒的定义很复杂吗？

在历史上，1秒曾经的定义是地球自转一圈的 1/24 的 1/3600。后来，随着生产和研究的发展，我们需要越来越精确的时间度量。地球自转一圈的时间并不是很精确，它是会上下浮动的。地球 12 月底自转一圈的时间比春分、秋分时长了几十秒。那我们到底该用哪一天的自转来定义秒呢？

所以，我们把 1 秒的定义改成了铯 133 原子基态在 0K 时的两个超精细能阶间跃迁对应辐射的 9192631770 个周期的持续时间。这个时间间隔非常非常精确，而且在全宇宙都是一样的。之所以用 9192631770 这么奇葩的次数，是为了和历史上秒的定义时长尽量吻合。在 2018 年召开的国际计量大会上，千克也由普朗克常数重新定义，定义比秒复杂得多，但是对于科学家来说，这些定义更加精确，能更好地为科研服务。

◆ ◆ ◆

16. 下雨时打电话真的会引来闪电吗？

闪电产生的原因是云层和大地之间的强电压电离了空气，产生了放电通道。手机电磁辐射的能量跟这个相比是可以忽略不计的，所以手机辐射不会对闪电的放电通路造成什么影响。

另外，有人觉得电话的尖端放电效应会引来闪电，这个也是经不起推敲的。正常人在使用手机时手机的高度都不会超过身高，现在的手机外壳也没有什么尖锐的部件，所以手机也没有引来闪电的额外尖端效应。（唯一的尖端效应恐怕来自你自己的身高。）

我们的结论是，下雨天打电话会引来闪电是一个比较常见的谣言。

其实这个谣言这么流行的原因物理君想过，可能有两点。

第一，最早的手机，也就是大哥大，有很长的外置金属天线。这根天线在打电话的时候还要拉开，这个可能真的有尖端效应，会引来闪电。所以，早期的手机厂商会提示消费者，下雨天在户外最好不要打电话。

很多人虽然不明就里，但记住了这一点，直到今天还记着。可是如今的手机早已今非昔比。

第二，谣言的传播是有模式的。广为流传的谣言一定有一个特点，就是谣言的接受成本远远小于其分辨成本。（哦？下雨天打电话引雷？那我不打就好了，难道还要我专门去学一下电磁学吗？大家都很忙的。）如果商家说"家里面钱太多会引来闪电"，那我敢说这个谣言肯定流行不起来，因为不管真懂还是假懂，所有人下意识地都想反驳它。接受成本太高啦。

所以，辟谣不光是一个知识量的问题，它更是一个成本与行为模式的经济学问题。要真正消灭谣言，第一要提高谣言的接受成本，第二要降低谣言的分辨成本。

◆ ◆ ◆

17. 开发商总说楼层中间地带是扬灰层，那么灰尘在空气中能够达到的高度有多高？

灰尘在空气中达到的高度受到很多因素的影响（风速、风向、气温、湿度），而且不同尺寸、不同电荷、不同 pH 的灰尘能达到的高度也是不一样的。这里并没有一个简单通用的公式。但至少，某些楼层（比如经常被提起的 9 ～ 11 层）是扬灰层这个说法是谣言，因为每一个地方情况都不一样，同一个地方不同的灰尘可能在不同层聚集，也可能在所有层都差不多。

◆ ◆ ◆

18. 为什么纸张沾了油会变透明？

这个问题很好呀！

纸张是一种充满了孔隙的杂乱纤维，孔隙中有很多空气，而空气和纤维的折射率不同。于是，当光线照到纸上的时候，一部分会被纸张纤维吸收，一部分在纸张的孔隙中不断散射，在杂乱的纤维与空气界面发生杂乱的折射和反射。

油（植物油）和纤维的折射率差别不大，分别接近1.47和1.53（空气折射率是1.0）。如果孔隙中充满了油，那么油和纤维的界面上的折射和反射就大大减少了，光线差不多可以直射过纸张，纸张就变得透明了。

其实你们还可以观察到这一点：纸张浸水之后也会变得透明，但又不如浸油后透明度高。为什么呢？答案很简单，因为纯水的折射率大约是1.33。

◆ ◆ ◆

19. 路面有水，水会减少汽车轮胎与路面的摩擦力，引发打滑现象。但是，人工清点纸币时，干燥的手指在纸币上却打滑，将手指沾水后反倒不打滑了。这是为什么？

两种现象的主要差别在于水层的厚度。水层是不是足够厚，可以让水自由地在层间流动？如果是，那水自然就会打滑。如果不是，比如只在手指上、玻璃上涂了很薄的一层水膜，那这时表面浸润和张力会让水增大摩擦。

20. 在电梯里手机为什么没信号？

因为电梯把电磁信号屏蔽了。

大家都学过中学物理中的静电屏蔽效应，即导体空腔内外的电荷分布不会互相影响，因为导体中的自由电荷会随着导体内外的电荷产生的电场而做出"调整"，达到"屏蔽"的效果。

电梯中的信号问题与这有些类似，电梯可看作一个封闭的导体空腔，由于自由电荷的影响，电磁波不容易穿过导体。在手机信号的频率波段下，电磁波在导体中的穿透距离很小，强度衰减得很快。因此，手机发出的信号很难传到电梯外，电梯外的电磁信号也难以传到手机上。

◆ ◆ ◆

21. 关于乐器的声音，音调、响度有确定的物理量去分析，那么如何定量分析"音色"？

音色的类型是由振源的特性和共振峰的形状共同决定的。

首先，你需要了解不同乐器的音色为什么不同，以及"泛音"是什么。乐器的声音并不是由单一成分的频率构成的，而是由一组满足倍数关系的频率构成的。所有乐器都靠驻波发声——因为琴弦的两端被固定住了，所以琴弦振动部分的长度必然是半波长的整数倍。我们知道频率等于波速除以波长，当我们拨动琴弦时，也许有80%的能量被转换为整个琴弦的振动，产生了基音，同时会有10%的能量被转换为2倍频的振动，5%的能量被转换为3倍频，而2倍频的成分从某种意义上讲也可以是基音，又可以转换为4倍、8倍的成分……每种乐器的能量分配比例都不同，于是每种乐器都是独一无二的存在，拥有独一无二的音色。

22. 请问，孕妇防辐射服有必要穿吗?

完全没有必要。

可能有很多人会出于各种目的向您及您的家人鼓吹穿孕妇防辐射服的必要性。但我们要说，完全没有必要。

首先，只有电离辐射对人体有害。电视电脑也好，手机微波炉信号塔也好，这些日常生活中的辐射都是非电离辐射，而非电离辐射对人体是无害的。（你只需要注意别被微波炉烤熟就行了。）

再则，常见的电离辐射有安检时的 X 射线辐射，坐飞机时的高空宇宙射线辐射。但这些辐射我们接触的剂量很小，是可以忽略不计的。

最后，如果您不幸生活在福岛，那么那么薄的孕妇防辐射服，第一防不住 γ 射线，第二防不住 β 射线，唯一能防的也就是 α 粒子。但 α 粒子您的皮肤也能防。现在很多所谓的防辐射孕妇服在衣服里面加金属丝，思路还是用感应原理隔绝非电离辐射。这又回到第一点了，也即非电离辐射是无害的。

（PS：市场上连防引力波辐射孕妇服都有了。如果这东西真能吸收引力波，那我们科学院要先买一打呀，因为这货挂起来就是引力波探测器，岂不美哉？）

◆ ◆ ◆

23. 雷电是怎么产生的？

雷雨的积雨云下层以及地表富集着大量的相反电荷，这使得云和大地之间形成了非常大的电势差（几十兆伏），这样高的电压产生的电场有可能让空气分子电离。电离出来的离子在电场加速下高速撞向旁边的分子，把旁边的分子也给撞电离了。然后，这种雪崩一样的情况把空气沿着一条线变成了导体，电荷通过这条线迅速放电，就形成了闪电。放电产生的热量把空气加热，使得空气膨胀摩擦并发出声响，这就产生了雷。

雷雨云中为什么会富集如此大的电荷量？目前有很多理论，但是每个理论都不能解释所有的现象，雷雨云的起电机制现在还是一个有争议的问题。

想了解更多的朋友可以去看看《费曼物理学讲义》的第二卷，书中有更加易懂的讲解。

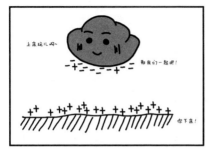
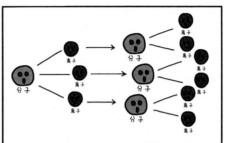

24. 北极的冰屋里面真的不冷吗?

冰屋确实能起到很好的御寒作用。

冰屋几乎没有缝隙可以让寒风吹进室内,而且冰屋的建成材料冰砖是热的不良导体,能起到很好的隔热作用。冰屋门的朝向一般与风向垂直,而且十分低矮,寒风无法进入室内形成对流。

北极的室外温度低至零下几十摄氏度,而冰屋内的温度可以达到零下几摄氏度到十几摄氏度,这对于有兽皮保暖的因纽特人来讲已经足够了,普通人应该也没什么太大问题,毕竟冬天我国南方室内不开空调跟这个温度应该差不太多。室内一般也不会出现冰块融化的问题,因为冰壁附近的温度总是低于熔点的,如果想让室内更暖和,因纽特人会在内壁挂上兽皮,这样尽管室内很暖和,但兽皮和冰壁之间的空气因兽皮隔热而无法升到较高的温度。雪洞保暖也基于同样的原理,若是条件合适,挖雪洞避寒也是很好的野外生存技巧。

◆ ◆ ◆

25. 液态氧和固态氧为什么是蓝色的呢?

考虑氧的颜色就要考虑氧分子的吸收光谱。氧气的吸收光谱主要存在于红外区域,气态的氧便呈现无色透明的状态。但是在液态和固态中,由于凝聚态的双分子耦合作用,产生了红到黄绿光区域的四个吸收峰,所以液态氧和固态氧显示蓝色。

另外一个原因是气态的氧分子在空间分布的密度很低,所以即使吸收同样颜色的光,颜色也太浅,肉眼根本看不出来。

参考文献:

E. A. Ogryzlo J. Chem. Educ., 1965, 42 (12), p647

Ahsan U. Khan, Michael Kasha J. Am. Chem. Soc., 1970, 92 (11), pp3293 - 3300

26. 为什么燃烧后的火柴具有磁性，可以被磁铁吸引？

这和燃烧没有关系，没有点燃的火柴头也会被磁铁吸引。

把火柴头放到水里，旁边放上磁铁，火柴头会因受到吸引而运动。显然，火柴头里加入了磁性物质，考虑成本问题，铁粉的可能性最大。那么为什么燃烧后现象变明显了呢？从分析来看，有下面两个原因：第一，火柴燃烧后大部分可燃物被氧化，火柴更轻了；第二，磁性粉末分布更加集中，磁化效果更强。

为什么火柴头里要加入磁性粉末呢？细心的朋友会发现，火柴一般都是头朝一边躺在火柴盒里的。没错，加入铁粉后，我们用磁铁吸一下就可以高效地把火柴头顺到一边了。我国早在 20 世纪 80 年代就拟定了技术标准，颠倒头的火柴是不允许装盒的。传统的方法依靠火柴头尾重量差，用振动实现顺头。这种方法一是分离不完全，二是容易失火，安全性差，三是会出现大量的残余，造成浪费。所以，现在大家都采用掺磁性粉末的方法解决这个问题，这个点子还在 1991 年的时候申请了国家专利呢！

◆ ◆ ◆

27. 为什么飞机飞过天空后会留下云？

云的形成过程大致是这样的：大气中的水汽过于饱和，不断聚集在凝结核上，形成了小水滴或者小冰晶，然后这些水滴或者冰晶会反射和散射太阳光，我们就可以看到云了。

飞机飞过留下的云可以称作"飞机尾迹"，我们经常看到的是喷气式飞机的尾迹。喷气式飞机在高空飞行时会排出大量含有水蒸气的高温废气，而机舱外的环境温度通常是零下几十摄氏度。高温废气与空气混合，温度下降，水蒸气达到过饱和的条件，在凝结核上凝结成小水滴或者小冰晶，于是就形成云了。尾迹一旦形成，一般可以维持 30 ～ 40 分钟。

28. 北半球的水涡都是向左旋转的吗？听说这是由地球自转和不同纬度的不同线速度决定的，这种解释科学吗？

地球自转的确会产生一种改变运动方向的力，这被称作科里奥利力（或者地理学中的地转偏向力），但这种力的来源不是各处不同的线速度。关键在于，地球是一个转动的非惯性系，而且只有相对地球运动的物体才会受到科里奥利力。北半球的气旋逆时针旋转（左旋），南半球的顺时针旋转（右旋），这的确是因为科里奥利力。

但是，如果你指的是洗手池、浴缸、抽水马桶等在放水时形成的水涡，那么它们的旋转方向与科里奥利力无关。这是因为这些东西排水时涉及的尺度与速度太小，科里奥利力太小，不足以影响水流方向。水涡的旋转方向主要由排水孔内部的结构决定。

◆ ◆ ◆

29. 为什么用纸或塑料遮住手机 Home 键，指纹识别依然可以使用？难道这样也导电吗？

所谓指纹识别，即通过识别模块收集你的指纹信息，与之前存储在手机中的指纹信息进行对比。根据收集指纹的方式不同，指纹识别模块主要分为这几种：光学式指纹模块、电容式指纹模块、射频式指纹模块。

光学式指纹模块利用光学反射成像识别指纹，但其识别精度并不理想，且占用空间较大，所以手机上很少用这种识别模块。

电容式指纹模块利用硅晶元与手指导电的皮下组织液构成一个"电容器"。我们知道，两个电极之间的距离远近会影响电容器的电压；根据这个原理，指纹的高低起伏会在不同的硅晶元上形成不同的电场，这样就把指纹信息转化成了电信号。目前大多数手机的指纹识别使用的都是电容式指纹模块。

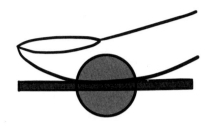

　　射频式指纹模块有无线电波探测型和超声波探测型两种，原理是靠特定频率的信号反射探测指纹的具体形态。这种技术通过传感器本身发射出微量射频信号，穿透手指的表层，探测里层的纹路。其优点是手指不需要和识别模块接触。

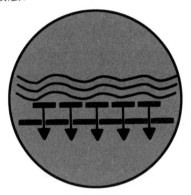

　　了解这些之后，我想你已经知道问题的答案了。首先，你的手机指纹识别模块是电容式的，对于这种模式的指纹识别，只要"中间介质"没有厚到让产生的电场太弱而检测不到，那就不会影响指纹识别。你可以做个小实验，看加多少张纸后，指纹识别功能才会失效。

　　"湿手无法指纹识别"的现象也很容易理解：水有导电性，这时模块识别的是水的"纹路"，而不是你手指的。

30. 为什么导电的固体大多不透明，而透明的固体大多不导电？

透明的含义是什么？

从能量的角度讲，透明意味着材料中的电子无法吸收可见光所对应的能量并进行跃迁。可见光红紫两侧对应的能量分别约为1.6eV和3.1eV。固体中的原子常常整齐地排列形成晶体，其中的电子会处在一系列准连续的能级上，这被称为能带。以金属为代表的导电固体之所以呈现金属性，是由于其中的电子填充了半满的能带，电子只需吸收很少的能量即可跃迁到与之最近的能级上。当然，电子也可以吸收更多的能量跃迁到更高的能级上，而这些能级对应的能带范围连续且很宽，经常在整个可见光范围内都有吸收，因此就不透明了。

不导电固体，以水晶为例，其电子填充了整个能带，能带与能带之间隔着一定的能量，这就是带隙。这意味着电子吸收的能量至少需要接近带隙对应的能量才能发生跃迁。水晶的带隙较大，约为9eV，远远超过可见光能量，其电子无法通过吸收可见光跃迁，于是水晶表现出了透明的性质。

半导体与绝缘体相似，但是带隙比绝缘体小，具体情况需要具体讨论。比如，Si带隙对应1.1eV，小于红光能量，整个可见光段在此都有吸收，故不透明；而SiC带隙对应2.4eV，$2.4 \sim 3.1$eV范围的可见光在此被吸收。绿光能量为2.37eV，这意味着红橙黄绿蓝靛紫的全谱中，蓝靛紫在此被吸收了，红橙黄绿依然透过，材料依然透明，但会显示颜色。至于塑料等以分子为主的材料，分析方法与之类似，只是这种材料未形成能带，而是有一系列分立的能级，需要根据具体情况分开讨论。

这个问题还可以从另一个不严谨但是更直观的角度理解：导电说明电子可随电场自由移动，当然也可以随光的电磁场运动，从而吸收光的能量，表现为不透明；而透明物体对光无明显吸收，说明其中的电子不易随光的电磁场运动，那么它们在普通的电场中也不易自由移动，物体也就不导电了。

31. 物体的熔点能改变吗？

当然可以。固体怎么就熔化了呢？固体中的原子或分子因各种相互作用而手牵手整齐排列，温度相当于引入了原子或分子的振动；温度越高振动越强，振动太大、偏离平衡位置太远，原子无法继续牵手，队伍就乱掉了，固体也就熔化了。因此，一切可以影响原子或分子间相互作用的物理量，包括压强、杂质、外场、衬底，甚至颗粒尺寸都可能对熔点造成影响。

例如，冰在通常状态下熔点随压强增大而降低，所以挂着重物的钢丝勒在冰柱上很容易使冰局部熔化并缓慢嵌入。而在很高的压强（如 20000个大气压）附近，冰的熔点随压强增大而升高，可超过室温，这叫作"高压热冰"。杂质的加入可以改变熔点，在冰中加入少量盐或酒精就可以降低熔点，这一原理可用于道路除雪和拖拉机水箱防冻。电场和磁场也可以改变冰的熔点。在不同的衬底上，物质的熔点也会有所差异，例如，低温下吸附在不同金属衬底上的固态氧薄膜熔点不同。另外，固体表面附近的熔点一般比体相要低，这一原理可应用于超细粉末固相烧结。纳米颗粒因表面相比例很高，熔点可大幅降低，降幅甚至可达几十至几百摄氏度。

◆ ◆ ◆

32. 耳机降噪的原理是什么？

降噪方法分为被动降噪和主动降噪。前者指的就是普通的隔音，利用硅胶塞等在耳洞内形成封闭空间，阻挡外部噪声传入。这种方法的特点是容易滤去高频噪声，而对低频噪声过滤效果不佳。不信你可以试一试：用手指堵上耳朵，尖厉的声音明显减弱，而机器轰鸣等低沉的声音却依然明显。

不过我猜你更关心的应该是主动降噪，对此物理君只能摇摇头……不是不知道，而是请你一起摇头。

注意：摇头的时候你还可以看清手机屏幕上的字吗？差不多可以，这说明头部转动并没有给眼睛带来太大的扰动，这是为什么呢？因为眼睛感受到视野变化的信息后，会及时传给大脑，大脑给眼睛一个反向转动的命令，抵消脑袋转动的影响，从而减少视野的晃动。主动降噪耳机的原理与之类似，麦克风接收周围的噪声，传给芯片，再让扬声器发出一个与噪声等振幅、反相位的声音，从而与原噪声相互抵消。这种方法在过滤低频噪声时效果非常好，但噪声频率太高时，可能会遇到电路延迟及波长减短带来的相位误差问题。因此，两种降噪方法合二为一时效果更佳。

◆ ◆ ◆

33. 为什么电池会有保质期呢？没用过的电池超过保质期使用起来会有什么反应？电池里的电去哪儿了？

电池当然会有保质期！

这个问题和干电池的自放电现象有关。我们先来复习一下在中学时代学过的铜锌原电池：铜做正极，锌做负极，中间连上导线，把电极浸泡到电解液中，我们就会在外电路得到电流输出。如果我们把导线去掉，让铜锌电极直接接触，并把它们完全浸泡在电解液中，会出现什么情况呢？我想你肯定知道，这和原电池没有什么不同，只不过我们没法利用由此而来的电能了。如果铜电极很小，只在锌的表面有一些分布，那就会形成无数个微小的原电池，从而消耗电池的化学能。电化学腐蚀的原理也是如此。没错，干电池的自放电就是电解液中的杂质或者电极的不均匀表面造成的。电池的正负电极都会出现微电池腐蚀的情况。但通常情况下，自放电主要发生在负极，如果电极表面存在析氢电位低的杂质，就会出现析氢反应。铁、镍、铜、砷等杂质都是有害的。所以，电池工业对电极和电解液中杂质浓度的控制相当严格，对工艺流程和生产环境的要求也很高。

电池经过较长时间的贮存后，自放电会造成杂质在电极表面沉积，电解液变质，从而出现开路电压变低，持续稳定放电时间变短等情况。电能嘛，最终都变成热能跑掉喽。

34. 为什么汽车在公路上行驶时，打开窗子风会从外面吹进来，而客机在空中破口时，风会将人往外吹？

汽车在公路上行驶，车内外气压都接近一个大气压，压差主要由运动引起。实际情况会比问题中所述更复杂些。具体来讲，由于汽车相对空气运动，前方空气被轻微挤压，压强略高，从前边车窗吹进来，或者被前挡板推向两侧；由于伯努利原理，汽车侧面存在一个低压区，部分空气向外流出并逐渐平衡，尤其是当汽车或火车快速经过隧道时，你的耳朵对此会有明显的感觉。另外，车窗周围还存在一些因相对运动而灌入的空气，以及在车窗边形成的涡流。汽车尾部也存在一个低压区，汽车行驶速度很快时甚至可形成湍流，并影响加速，这是赛车提速需要考虑的重要因素。我们很容易通过车尾扬起的尘土观察到这部分空气的运动情况。

客机飞行高度为 10000 米左右，此处空气压强只有标准大气压的 1/4 到 1/3。你可以想象一下珠穆朗玛峰顶的低温低压环境，人在这种环境下会呼吸困难。为了保证人的生命安全和正常活动，飞机采取密闭充气的方法，保证飞机内压强在 2/3 标准大气压以上。因此，飞机内的压强始终比外部高，且这个压差较大，不可忽略。一旦客机在空中发生破损，强大的压差就会让空气迅速涌出，形成向外吹的大风。

35. 镜子的反射率与什么有关？这个量有理论上限吗？

光介质的反射率是指当入射光垂直打入介质时，其反射光强与入射光强的比值，与其对应的是光介质的透射率，根据能量守恒我们知道二者之和为1。一般光介质的反射率与透射率是通过求解光入射到介质表面的麦克斯韦方程组的边界条件得到的，其大小与介质的介电常数、磁导率，以及入射光的频率有关。不过在大多数情况下，磁导率和光波频率的影响可以忽略不计。至于镜子，我们知道，镜子一般是由镜片（一般为玻璃）和镀在镜面上的金属膜（最常见的是银）构成的。玻璃的透射率很高，而金属膜的反射率很高，光打到镜子上以后，很大一部分透过了玻璃，由金属膜反射回来，所以镜子的反射率是由玻璃的透射率和金属膜的反射率共同决定的，一般镜子的反射率都在90%左右。用途特殊的镜子，如实验室中的一些反射镜，反射率能达到95%以上，甚至99.9%，但是绝对无法达到100%。

◆◆◆

36. 当光通过水的时候，水的流速会对光线传播产生影响吗？

首先说结果，水的流速确实会对光传播造成影响，光线会被介质的运动"部分拖曳"。其实风也会把声音吹跑，"顺风而呼，声非加疾也，而闻者彰"乃是对经典情况下介质运动对声波的影响的精妙总结。光的情况稍有不同，假设光线和介质速度共线，光相对于我们的速度为 $c'=c/n+v(1-1/n^2)$，其中 c' 为经过介质时光的速度，n 为折射率，v 为介质运动速度。1851年，斐索从实验中得到了该结果。它并不是介质中的光速和介质运动速度的直接线性叠加，这是相对论修正带来的结果。有的同学可能会问，光速不是不变的吗？但是这个结果告诉我们，"光速"不仅对于不同介质是可变的，而且对于运动速度不同的同种介质也是可变的。这是因为速度始终要符合相对论的速度叠加公式，我们不能简单地认定"光的速度是不变的"。

为了形象地说明光会被拖曳，我们在此介绍一个观察实验。一束光正入射在以一定速度流动的水的表面，如果流动没有对光传播造成影响，那么光必然会继续垂直射入水中。现在，我们到和水流相对静止的参考系中观察，这时候由于和光源相对运动引起的光行差效应，光以一定角度射入水面，而这会发生折射，使光的传播方向发生改变，这显然是不可能的。所以我们推断，光必然会被水流拖曳。如若考虑水流动过程中的不均匀因素，光的折射方向还会不断改变，当然，这是另外一回事了。

◆ ◆ ◆

37. 近视眼在水下看东西会感觉一切都很清楚。怎样从光学的角度解释这个现象呢？

我们需要先讲一下人的视觉系统是怎么"看到"东西的，光线进入人眼，经过晶状体的折射来到视网膜。视网膜上的感光细胞感受光信号，然后由视神经传递到大脑，这样我们就看到了物体的像。可以看出，晶状体在视网膜上成像的质量对于我们是否可以看清物体至关重要。近视的产生就是因为眼部调节晶状体形状的能力变弱，使得经过晶状体折射的光线过早地汇聚，落在晶状体上的像变得模糊不清，此时人眼看到的像也是模糊的。近视镜的作用就是令光在进入眼睛之前提前发散一次，发散后的光在经过（不健康的）晶状体之后反而可以在视网膜上形成清晰的像。

我们在水下睁开眼睛时，由于水的折射率大于空气，光从水中进入眼睛产生的偏折效应比在空气中小。这就相当于对光进行了一次发散，其结果就是我们看得清楚了。当然，这只对近视眼有效，对远视眼效果相反，大家可以自行分析其中的原因。最后，请大家思考一下：为什么大多数鱼是"近视眼"？

38. 为什么电扇背面没有风？为什么对电扇说话声音会变得怪怪的？

电风扇背面也是有风的，只是相对正面而言要小很多。扇叶快速旋转，以斜面的形式给空气一个推动力，直接令空气加速，形成风从正面吹出，这个速度比较快；而风扇后方的空气，则要去填补被扇叶吹出去的那部分空气原来所在的空间，靠压差形成风，这个速度比较慢。而且，前面的风比较集中，几乎都朝一个方向吹，而后面的风则是从风扇背面各个方向过来的，比较分散，也就没有那么强了。如果你把风扇放在一个长型管道中，前后的风速差别就要小很多了。

对着电风扇说话时，声音会怪怪的。这一方面是因为前面吹的风影响了我们说话时吐出的气流的速度甚至方向，另一方面是因为以我们的口腔为共振腔，产生了一些驻波，这会发出声音。为了减少干扰，你可以试着面对风扇，嗓子不主动发声，空做类似"呜呜"的小口型和"哇哇"的大口型，听听不同的声音。这个有点类似于对着空啤酒瓶吹气，吹的速度和方向不同、瓶口的大小和深度不同，发出的声音也不同。当然，风很大时，口型都控制不稳了，声音就更怪啦！比如，喝西北风。

39. 为什么尺子和橡皮放在一起久了会粘在一起，接触的地方还会有油一样的物质？

当然是因为它们性情相近、真心相爱，而且还有"油"做媒啦！（再也无法直视这对 CP 了。）

其实吧，尺子所用的材料多为聚氯乙烯、聚苯乙烯、聚甲基丙烯酸甲酯等，橡皮的主体成分为聚氯乙烯等，总之都属于高分子聚合物塑料，所以性情相近嘛。而橡皮之所以拥有如此光滑柔嫩有弹性的肌肤，离不开一种特殊的物质，它被称作塑化剂或增塑剂。

你想啊，一般的高分子聚合物链很长，如果它们之间的相互作用太强，就容易纠缠在一起，阻碍长链的相互滑移，从而影响其塑性。塑化剂的主要作用就是削弱它们之间的作用力，此外还可以降低聚合物的结晶性，最终增加材料的塑性，因此塑化剂在橡皮的制作过程中必不可少。然而常用的酯类化合物塑化剂，比如酞酸酯系列，对塑料有一定的溶解作用，因此可以很好地充当"媒人"，将尺子和橡皮黏结在一起！

◆ ◆ ◆

40. 风扇为什么逆时针旋转？

这是个很有趣的现象，应该与螺纹方向有关。工业上为了降低成本，各种零件会尽量遵循标准化的原则。常见的螺纹都是右螺旋的。因为规模效应，右螺旋的螺纹成本比左螺旋的更便宜。如果电机向外伸出的转轴末端为普通右旋螺纹，且与风扇配套，那么你很容易发现，当风扇逆时针旋转时，风扇与转轴之间的作用力趋于将两者拧得更紧；而当风扇顺时针旋转时，螺纹连接处会越来越松。虽然现在的风扇连接方式越来越多，但这种方式依然作为主流保留了下来，甚至可能成为行业规范。

工业中很多机械的设计都会考虑到螺纹松紧的这种效应，尤其是旋转和振动比较频繁的结构。有趣的是，自行车左右两个脚踏板对应的曲柄与齿轮的连接处，分别安装了左螺纹和右螺纹部件，这样可以保证两边踩踏时都不会松动。不过我也确实碰到过一辆劣质自行车，可能是为了节约成本，或者是从一开始就有设计缺陷，总之两侧都用了右螺纹，骑了才几天脚镫就掉了。

再给大家讲一个有趣的小知识。

其实刚开始的时候，左螺纹和右螺纹的成本和装配便捷程度可能都差不多，但是这样相应的机床、螺丝、螺母等就不能任意配对了。一旦某一个环节打破了平衡的局面，比如市场上出现了一大批右螺纹的机床或者螺母，那么相应的螺钉就需要是右螺纹的了，左螺纹的卖不出去，长此以往，市场自动调整为单一种类的螺纹以降低成本。

生物界也有类似的例子。比如蜗牛的螺壳旋转方向，原本左右都有，然而由于其生殖器官位置的关系，只有螺壳旋转方向相同的蜗牛才能方便地交配。长此以往，整个种群在这一点上就逐渐趋于统一了。这是不是也算一种对称破缺？

◆ ◆ ◆

41. 为什么纯水不导电，而普通水会导电？

导电是一定数量的载流子的定向移动产生的。常温下，水的电离全部来自水分子电离。水的离子积常数为 10^{-14}，所以 $c[H^+]=c[OH^-]=10^{-7}$ 摩尔/升，由此可以计算得到电离度 $1.8 \times 10^{-7}\%$。这样的水离子浓度太小，几乎是不导电的。纯水电阻率量级为 10M（欧姆·厘米）。

而普通水中含有一些杂质离子，一般是天然的 Na^+、Ca^{2+}、Mg^{2+}，以及消毒处理引入的 Cl^-。水本身存在弱电离平衡，强电解阳离子或者强电解阴离子都会使电离平衡重新建立，强电解质对导电也有贡献，会使水的电解率增大，这个时候普通水当然导电了。

此外，哪怕你真的拿着纯水接上高压，只要人体接触纯水，身上的盐和酸也会对纯水造成污染，那个时候导电不导电就不仅仅是水纯不纯的问题了。

42. 为什么有的时候用手机或相机拍电视中的图像会出现黑色条纹？

这就是传说中的莫尔条纹（Moiré Pattern）啦。一言以蔽之，就是空间频率相近的两组图案相互干涉，会有更低频率（更宽间距）的图案显示出来。其中空间频率是指特征条纹间距的倒数。

说得这么玄乎，其实道理很简单啦！比如，在两张透明塑料纸上分别画一排竖线，上面那张每隔 1 毫米画一条，下面那张每隔 1.1 毫米画一条，你很容易发现，竖线每隔 11 毫米就会重叠一次。细线重叠位置附近，露出的间隙较大，显得明亮；而细线不重叠的位置附近，露出的间隙较小，显得灰暗。这样就形成了周期为 11 毫米的明暗分布，整体看上去就是一排间距更大的粗条纹。

以上只是一维周期图案对应的情况。那么二维情况如何呢？我想你在生活中一定盯着两层重叠的窗纱看过吧？细心的你一定会发现，在原有细密条纹的基础上隐隐约约有间距更宽的粗条纹出现。当两层窗纱不完全平行或者自身有所起伏时，这些条纹还会变得弯弯曲曲的。用摄像头拍电视屏幕时也有类似的情形：电视屏幕上纵横的像素网格相当于第一层窗纱，手机摄像头里的 CCD 传感器阵列相当于第二层窗纱，手机显示屏相当于第三层窗纱，于是拍摄得到的图案也就有莫尔条纹啦。再加上角度偏离时的透视、镜头成像时的畸变，以及屏幕本身的微小形变，这样拍摄到的莫尔条纹同样是弯弯曲曲的。

43. 为什么冷水冲不开咖啡?

冷水能冲开咖啡,只不过需要你持续不断地努力折腾,比如充分搅拌、大力摇晃。

我们要知道,冲泡咖啡的过程是咖啡溶解于水的过程。影响溶解的因素有很多,温度就是其中之一。一般来说,温度越高,溶解越快。这是因为温度升高,分子热运动加剧,咖啡分子更容易跑到水分子之间的空隙中,宏观上就是咖啡比较快地溶解了。冷水中的低温环境会减缓这个过程,但它并不是不能完成。物理君强烈建议你买一包咖啡泡在矿泉水瓶里,盖上瓶盖,大力摇晃,仔细观察,细细品味。嗯,热水冲开咖啡之后不会沉淀,这个涉及溶解度的问题。溶解度是一定温度下每100克水能溶解溶质(咖啡)的克数。要想溶解后出现沉淀,则需要在溶剂达到饱和(最大溶解度)之后再加入溶质(咖啡),这样才能析出溶质(咖啡)。

◆ ◆ ◆

44. 打水漂时,为什么石头不会立刻落进水里?

因为有水的作用力啊。

就像冲浪一样,石头片向前快速运动的过程中,水给它一个向上的分力,让它暂时不会下沉。打水漂,核心是漂,说到底,就是石头在水面一跳一跳地"冲浪"。其中主要的几个因素,一是形状,二是角度,三是速度,四是稳定性。

首先,打水漂用的石头都是扁平的,就像冲浪板一样,这保证它与水面有足够大的接触面积,以便充分接受水的托力。

其次,抛出去的扁平石头片还需要与水面呈一定的倾角,称为"攻角",就像冲浪板前端轻微翘起形成的角度,这样它向前运动时,水面就会给它一个向上的分力。攻角在20°左右为宜。攻角太小时,竖直方向上的分力不够,难以起跳;攻角太大时,水平方向上阻力太大,失速严重;

攻角为负数时，石头会像刀片一样直接插入水中。需要注意的是，攻角与抛射角有关，但二者是不同的，不可混淆。

再次，石头片速度越大，与水面接触时所受到的冲力也越大，这样向上的分力才足以让它弹跳起来，速度越大动能越大，这样它才承受得起多次跳跃中的能量损耗。

最后，石头片要在连续跳跃中保持稳定，需要其攻角相对固定，从而要求石头片整体方位角保持稳定。这也就是打水漂时让石头片高速旋转的目的了——给它一个较大的角动量，让它像陀螺一样保持相对稳定的姿态。

正是以上四个条件，让石头片充分借助水的力量，在水面连续跳跃，不至于立刻下沉。

◆ ◆ ◆

45. 不透明的磨砂玻璃为什么贴上胶带就变透明了？

要明白磨砂玻璃怎么变透明的，就得先看一下磨砂玻璃为什么透光却不透视。磨砂玻璃也叫毛玻璃，其特点就是有一面是磨砂面。磨砂面表面粗糙，不像普通玻璃那样光滑。这个很容易理解，如果身边有磨砂玻璃的话，你用手摸一下就能感觉到明显的差别。正是这"粗糙"的表面，造成了磨砂玻璃"透光却不透视"的特点。

如果了解反射，你一定听过反射里面两个相对的词——镜面反射与漫反射。

由于镜面平整，镜面反射反射的光束很"整齐"。漫反射反射面粗糙，反射线"乱七八糟"，这些"乱七八糟"没规律的反射线进入眼睛，我们就看不清它反射的物体是啥了。所以，镜子都用光滑的玻璃制作，而不会用粗糙的毛玻璃制作。"透光不透视"的原理相似，光线是能透过磨砂玻璃的，在磨砂玻璃的"毛面"，由于界面不规则，折射光线"乱七八糟"，我们也就不能透过磨砂玻璃看清东西了。

想要"破坏"这种"漫"效应，就得消除玻璃表面的粗糙。方法嘛，就是用折射率相近的"东西"来填充表面的"凹陷"使其变得光滑。石英玻璃的折射率是 1.46，和水的折射率 1.33 比较接近，所以用水刷一下磨砂玻璃表面，也能使其变透明。因此，浴室装磨砂玻璃时，磨砂面都朝外。如果用胶带贴上磨砂玻璃的"毛面"，胶带的胶会填充"毛面"，使其不再粗糙，这样也有透视的效果。

看来用磨砂玻璃保护隐私，还是挺不靠谱的。

◆ ◆ ◆

46. 为什么下雪后会感觉很安静？

能发现这个问题，提问者一定是一个心细如发的人。

雪花是水的一种常见的物态，人类对雪花的研究开始得比较早，认识也比较深入。雪花很轻，是从天上"飘"落到地面上的。它千奇百怪的形状，还有这种轻轻"飘落"的性质，决定了积雪不能致密（人踩过车轧过的不算），只能处于蓬松多孔的状态。

那么接下来我们就要讲到声音的吸收了。我们知道声音是一种机械波，是靠空气的振动来传播的。而空气的这种振动最害怕遇上蓬松多孔、容易发生非弹性形变的物质（如海绵），因为声音传到这些小孔腔里之后，会经过多次反射，直至把能量耗光，只有较少的一部分能逃出小孔腔，继续传播。市面上很流行的泡沫隔音板就利用了类似的原理。下雪比较安静也是因为这个。

关于吸音，其实还有很多可以说的。我们这里再简单提一下。

我们身边有很多场所是需要做吸音处理的，例如会议室、音乐厅。这里用到的吸音原理就比较多了，不单单是上面所说的小孔腔吸音。其中较常用的原理是共振吸音，一些功能性场所需要吸收特定频率的声音，这时可以用一些材料，其固有频率比较接近需要吸收的声音的频率，该频率的声音传播到材料上时，吸音材料就会发生共振，把声音吸收然后耗散掉。

◆ ◆ ◆

47. 空调为什么能吹出冷热两种不同的风？

空调是一种典型的通过做功把热量从低温热源搬运到高温热源的逆工作热机。其中的原理是：在循环过程中，工作物质在低温区汽化吸热，然后在高温区液化放热，从而实现热量从低温区向高温区的流动。

空调主要由四个部分组成：压缩机、膨胀阀、室内机和室外机。在制冷过程中，压缩机将低压气体压缩送入室外机液化放热变成高压液体，再通过膨胀阀变成低压液体，然后工作物质经过室内机汽化吸热，变成低压气体，重新进入压缩机完成循环。工作物质不断经过此循环，从而使室内温度降低，这时室内机是蒸发器，而室外机是冷凝器。要完成制热过程，只需工作物质反向循环就可以了，切换工作物质循环方向是通过一个叫四通阀的元件完成的。这时室外机是蒸发器，室内机变成冷凝器。

空调的工作效率受热力学第二定律限制，室内外温差越大，则制冷（制热）效率越低。所以，物理君请大家在夏天把温度调高一两摄氏度，在冬天把温度调低一两摄氏度，省电省钱，节能环保，爱护地球，造福子孙后代。

48. 为什么浪花是白色的?

我们先讲讲水和海洋。我们都知道,水是无色透明的,而海洋是蓝色的。那么为什么海洋是蓝色的呢?因为海洋中发生了瑞利散射,所以我们看到了蓝色的大海。

那么,你肯定会好奇为什么浪花是白色的。首先,浪花其实是破碎的波浪,波浪破碎的时候会卷进一些空气,所以浪花的组成成分不仅仅有水,还有气泡,这些气泡对浪花的颜色有着至关重要的影响。气泡的表面是膜状的,上面的小水珠就像一个个棱镜;当光线照在浪花上的时候,浪花表面会发生多次的反射以及折射,最终光线从不同方向反射出来。各种颜色的光反射概率相等,浪花就变成了我们所熟悉的白色。

◆ ◆ ◆

49. 在一个温度相同的环境中,不同的东西为什么摸起来温度不一样?

热力学第零定律告诉我们,和同一个物体分别处于热平衡的两个物体之间也处于热平衡,即两个物体温度相同,大量的实验都证明这条定律是正确的。那么为什么在同一个环境里不同物体摸起来温度不一样呢?问题一定出在"摸起来"上。

准确地讲,这是测量方法的问题。测量物理量的原则之一就是尽量少让被测量系统产生扰动。我们用"摸"的方法去获取一个物体的温度往往会违背这个原则。以触摸冬天室外的木块和铁块为例,手的温度比较高,所以当你感受到木块的温度时,实际上你感受到的是被手加热过的木块的温度,同样的道理也适用于手摸铁块的情形。两者给人的感觉不同,原因在于铁块和木块导热能力不同,铁块优异的导热能力使得热量刚传递到与手接触的部分就被其他部分带走,而木块导热能力差,吸收的热量会积累在木块和手接触的部分,所以木块摸起来更暖和一点。因此,尽管两者原本处于相同的温度,但手对两者的影响不同,所以两者摸起来温度不一样。

精确的测量方法应使用温度计。虽然温度计也会对被测量物体产生扰动，但是温度计本身可以提供的热量很少，所以对被测量体系扰动不大，这时，我们可以认为测量到的温度就是物体的真实温度。

◆ ◆ ◆

50. 云的本质是什么？为什么白色的云不容易下雨，而黑色的云容易下雨？

云的物理本质是浮在空中的小水滴和小冰晶群。我们肉眼观察到的云形是大量小水滴和冰晶群组成的轮廓，其内部在不断运动和变化。

夏天，我们经常看到天上乌云密布，然后下起暴雨，之后雨过天晴，天上飘着白云。其实，高温使地面的水蒸发到空中，而高空温度较低，白云就是空气中水蒸气围绕凝结核（比如说细小颗粒、尘埃）形成的小水滴，这些水滴聚集多了就变成了我们肉眼观察到的白云。随着水蒸气继续聚集，水滴越来越大，白云就变成了乌云。

那么为什么水滴变大可以使白云变成乌云呢？我们知道水滴直径是微米级的，因为粒子线度大于10倍的入射光波长（考虑人眼可以观测到的400～760纳米段），所以我们应该利用Mie散射理论来解决这一问题。根据Mie散射理论，光强和颗粒大小成反比，因此水滴变大会导致光强变小，也就是亮度变低。

我们常说的"天黄有雨"也源于灰尘和水滴聚集。

◆ ◆ ◆

51.为什么推一下笔，笔往前走，它还会来回滚几下再停？它受到了什么力？

首先表扬一下这位题主，你对生活细节的观察很到位。

我们通过理论计算发现，如果笔杆是严格意义上的圆柱形（重心位于中心），桌面也是严格意义上的平坦（平坦不代表光滑，也就是说摩擦力依旧存在，不然笔也停不下来），那么笔杆一定会直接停下来，而不是来回滚几下再停，这是牛顿力学所决定的（有兴趣的读者可以简单推算一下）。

因此，出现来回滚动几下再停只可能是因为笔杆的重心并不是刚好在正中心，或者桌面有一些很细微的凹凸，或者二者皆有。笔杆大致呈圆柱形，与桌面的接触面积很小，对上述的两种扰动十分敏感，而笔杆最后停下来的位置肯定是势能最低的地方（重心最低），因此笔杆一般情况下会来回滚动以调节自身的位置，从而最终找到一个稳定平衡的位置。

另外，物理君反复试验发现，一般情况下第一个原因是主因，即笔杆的重心不是刚好处于正中心。当然，读者也可以自己做个小实验看看，方法很简单，在笔杆上做个标记，然后多滚动几次笔杆，看看是不是每次笔杆最终停下来时都是同一部位贴着桌面。

52. 水滴滴到浅水中为什么会出现小露珠?

这就是所谓的"反气泡"。我们都知道,气泡是液体包着气体形成的,而反气泡则相反,它是由一层气体包着液体形成的。当液滴周围的一层空气进入液体时,液滴和液体不会马上相融,而会暂时保持原状,周围的气体隔开当中的液滴,形成反气泡。当出现在液体表面时,如果有空气层的有效隔绝,液滴也不会马上与液体相融,而会在表面上滚动几下,这应该就是题主所说的小露珠了吧。

应该说,降低表面张力是有效形成反气泡的途径之一。这是因为表面张力会使表面绷紧,呈现缩小趋势,而降低表面张力可以使表面易于变形,便于空气介入。物理所公众号 2017 年 7 月 1 日"正经玩"栏目里就有关于反气泡的小实验。洗洁精就是一种表面活性剂,有降低表面张力的作用。感兴趣的同学可以复习一下。

◆ ◆ ◆

53. 假设热水器里放出来的水温度基本恒定后是 35 摄氏度,关掉水,等一会儿再打开,水温可能会从 33 摄氏度变成 37 摄氏度再变成 35 摄氏度。这是为什么?

物理君在第一次用热水器的时候也遇到过同样的疑问,其实这是一个非常典型的理想条件和实际情况有差别的例子,用理想情况下的结论解释实际现象难免会出现一定的偏差。我们先看一下热水器是如何把冷水加热的:热水器包含水箱(为简化叙述我们只讨论一个水箱的情况)、进水管、出水管和加热装置(加热管等)。当热水器正常工作时,冷水进入水箱,被加热装置加热,然后热水通过出水管流出,整个过程达到一种短时间的动态平衡,加热装置的热量持续地被冷水带走,这样我们就可以获得温度恒定的热水。

但是,当我们关闭出水口时,这种平衡就被打破了:水箱中的水不再有新的冷水补充，不过这时加热装置并没有立刻停止加热，因为即使断电了，加热装置的温度还是高于设定温度，这部分多余的热量会对水箱里的水持续加热，从而导致水的温度高于设定温度。当你重新打开热水器，首先流出的是出水管残留的被冷却的水，然后是水箱残留的过热的水，接下来是刚进入水箱还没来得及加热的水，最后才是稳定的热水。这就是奇怪的温度变化出现的原因。

◆ ◆ ◆

54. 为什么磁铁高温加热后会失去磁性？

磁铁中有一个又一个极微小的磁铁（磁矩或磁畴）。你可以想象有这样的两股力量：一股是小磁铁之间的力量，由于小磁铁同向时能量比较低，两个小磁铁之间就有一股力量让对方与自己同向；另一股是热运动的力量，温度越高小磁铁的运动越剧烈，越不能老老实实地处于一个方向不动。前者有利于磁铁整体拥有磁性，后者却破坏磁铁整体磁性。如果在绝对零度，没有后者，所有小磁铁都在相互作用下老实待在同一个方向，磁铁整体也就具有磁性；大于绝对零度而在某个特定温度以下，虽然小磁铁具有热运动的力量，但温度不足以让小磁铁完全不老实，在小磁铁之间的相互作用和热运动的共同影响下，磁铁仍然在某个方向上具有整体磁性。但温度大于特定数值以后，小磁铁就获得了完全不老实的力量，不会整体趋于某个方向，而是处在杂乱的状态。这个特定的温度，就叫作居里温度。

◆ ◆ ◆

55. 为什么超过声速会产生音爆呢？超过光速会产生光爆吗？

当物体在空气中运动时，它实际上会挤压在其前方的空气，形成所谓的激波。激波以声速在空气中传播，当物体的运动速度超过声速时，被压缩的空气就会在物体前方堆积，产生极大的阻力。物体运动时产生激波的波前会分布在一个圆锥面（马赫锥）上，在这个锥面上，空气的压强、密度等参数都会有很大变化，当激波面穿过人耳时，耳朵的鼓膜会感受到这种压强的变化，因而会听到巨大的轰鸣声，这就是音爆。事实上，在介质中，带电粒子的速度超过介质中的光速时，也会产生类似的现象，这就是切连科夫辐射。

◆ ◆ ◆

56. 为什么激光的光斑看起来是很多细微的小光点？

恭喜慧眼如炬的你发现了激光散斑现象！这本质上是光的干涉效应。激光具有良好的单色性和相干性，当它照射到一般物体的粗糙表面上，再从凹凸不平的地方反射到眼睛里时，会有一个微小的光程差，光波因而相互干涉，有的相长，有的相消，从而形成有明暗分布的斑点。这里提到的粗糙是相对于光的波长（几百纳米）而言的。与之类似，激光透过表面粗糙的玻璃（如浴室的毛玻璃）时，你从背面也可以观察到细小的散斑。然而以上知识点太简单了，我们可以稍加深入，做一些有趣的拓展。

当反射面或透射面上的凹凸起伏随机时，散斑没有明显规律；而如果在被照射的透明板上特意设计和制作图案 P，就可以让射出的无数束光相互干涉（其实就是衍射）形成特定的图案 P'，二者可以用傅里叶变换联系起来。玩具激光笔的前置图案头、酷炫的全息图等都与这个原理相关。

举个最简单的例子，你可以在镜子上划一道痕迹（若有人因此挨打，物理君概不负责）或者放一根头发（脱发的朋友请珍重），用激光照射镜面，并让光线反射到墙上，这样你很容易观察到明暗相间、整齐排列的单缝衍射条纹，运气好的话，照到圆形的坑点或细小的灰尘，激光会在墙上映出一系列类似牛顿环的同心圆来。麻雀虽小，五脏俱全，可别小看普通的激光笔哦，在家里完成这些实验毫无压力，快去试试吧！另外特别提醒一下，由于波长越长衍射效应越明显，选用红色激光会比绿色、紫色的更容易观察到现象哦。

◆ ◆ ◆

57. 哪种材料可以取代硅，成为下一代支持微电子产业发展的材料？

随着加工技术的进步，硅材料在微电子产业领域还能发展很长一段时间，硅材料的加工工艺已经相当成熟，不是说取代就能取代的。我们现在研究新材料，并没有抱着取代硅的目的，只是希望能找到性能更好的材料来满足不同领域的需求。

任何一种材料都有自己独特的性能，现在还没有一种材料能面面俱到，我们只能对新材料因材施用，取长补短。举个例子，现在比较火的石墨烯与硅相比迁移率高，电导率高，柔性透明，因此在透明柔性导电膜领域有着潜在的应用价值，但石墨烯也有它的问题，其开关比很低，无法用于逻辑器件。再举个例子，现在兴起的类石墨烯二维半导体材料与石墨烯相比虽然迁移率不够高，但光电性能非常独特，在单光子激光器等光电器件的研究中非常重要。

画重点：信息社会是一个多样化的社会，材料也是多样化的，各种材料互帮互助，能满足社会进步的需求才是最重要的。

◆ ◆ ◆

58. 两平面镜夹成一个小于180°的角，夹角中放一物体，为什么在夹角中看到不止两个物体的像？

很明显，两个镜子共形成了三个虚像。

我们把左中右三个虚像记为像1、像3、像2（不要怀疑你的眼睛，数字没有标错），把左右两面镜子记为镜1、镜2。这个现象可以这样解释：物体在两面镜子中分别形成两个虚像（像1和像2）；然后像1在镜2中、像 2 在镜 1 中分别形成虚像。两个虚像相互重合叠加形成像 3。像 3 继续在镜 1、镜 2 中成像，但是新的像和之前的像都是重合的。所以，最终结果就是两面镜子形成了三个像。

你可能会问，虚像怎么在镜子中成像？其实物理过程是这样的：物体反射的光经过镜 1 的反射形成像 1，反射光对镜 2 而言和摆在像 1 处的物体发出的光完全一样，所以镜 1 的反射光又经过镜 2 反射形成了像 3，而像 3 的位置就是摆在像 1 位置处的物体经过镜 2 所成虚像的位置。说句人话就是，通过画光路你会发现像 1 和像 3 与镜 2 镜面对称，所以也可以说像 3 是像 1 在镜 2 中的虚像。一般来说，当夹角可以被 360 整除时，虚像个数是（360/ 度数）-1，读者可以自行分析无法整除的情况。

脑洞篇

01. 可不可以算出伞的最佳撑法?

这个问题好可爱。

这个很好算嘛。指导思想是,伞面应该尽量与雨滴的运动方向垂直。这样,用雨的横向速度(因为有风嘛,所以有横向速度)减去(矢量减)你运动的横向速度,就得到了雨相对于你的横向速度。这个横向速度与雨滴垂直下落的速度的比值,是雨滴与地面夹角的余切值。这里套一下反余切函数,你就得到了想要的夹角值。伞把向着雨势方向倾斜,这个夹角就是倾斜的伞把和地面的夹角。

思考题:在雨中打伞,人怎么移动淋雨最少?

◆ ◆ ◆

02. 为什么光走的路程总是最短?光怎么知道那条路最短?

这个叫费马定理,严格的表述是:光走过的路程总是一个泛函极值(一阶泛函导数为0)。问题是,为什么光知道这条路径是一个极值呢?(这条路径总是最短的,有些情况下也是最长的,但总之是极值。)光有意识吗?

光当然没有意识了。这个定理让人不舒服的一点在于,它不是一个局域的理论,不是"前一瞬间的物理状态决定下一瞬间的物理状态"那种理论。它是一个总揽全局的理论,就好像光已经走过了无数条路径,最后选了一条最短的。

不过,这还真的比较接近事实(容物理君坏笑一下)。在量子力学中有一个路径积分表述:我们可以认为光在运动的时候同时走过了所有可能的路径,然后各个路径互相干涉叠加抵消(这有点像薛定谔的猫,又有点像光学中的菲涅尔原理),最后得到的就是这道光的实际路径。而在经典极限下,也就是当普朗克常数趋于0的时候,那些不是泛函极值的路径迅速干涉抵消干净,最后剩下的经典路径就是一条一阶泛函导数为0的极值路径。

（想了解更多的同学快去翻翻费曼的物理学讲义吧。这个问题里面营养很多的，都是可以细嚼慢咽的那种。）

• • •

03. 既然光速是定义值，人们为什么要用 299792458 米 / 秒？为什么不定义个好记的，比如 300000 千米 / 秒？

这就说来话长了，咱们得从物理学的源头说起。

几千年前，人们定义了最早的两个物理量：长度、时间。有了长度和时间，人们自然就可以定义速度了。力学发展起来后，我们又定义了加速度、力、动量。再往后，物理大厦越来越高级，我们又定义了更多的物理量：电流、电压、电感、介电率、磁化率……

我说这些，目的是让你心中有一个意识：物理量的出现是有先后顺序的，后出现的物理量在单位的选取上一定要遵从已出现物理量的单位习惯，否则容易乱套。

长度的国际单位是米，它最早的定义是通过巴黎的地球子午线长度的 1/40000000，而时间单位秒的最早定义是地球自转一次所花时间（一天）的 1/86400，这里 86400=24×60×60。

人们从 17 世纪就开始测量光速了，在 19 世纪测出的光速已经很接近现在的测量值了。1862 年，傅科（Jean-Bernard-Léon Foucault）的实验测得的光速是 298000 千米 / 秒。

同时期，英国物理学家麦克斯韦提出了麦克斯韦方程组，统一了电磁学，也证明电磁波的真空传播速度等于真空介电常数与真空磁导率的乘积的平方根的倒数。他发现这个速度与光速高度一致，从而断言光也是电磁波，这一点后来得到证实。

历史课补完了，现在我们回到问题。光速是定义值吗？可以是。我们可以把光速定义为真空介电常数与真空磁导率的乘积的平方根的倒数。

那我们为什么不把光速定义为 300000 千米 / 秒，而要用 299792458 米 / 秒这么奇怪的数？因为 299792458 米 / 秒是在原有长度时间单位制下的实际测量值。我们可以把光速定义为 300000 千米 / 秒，但那会与已经出现的物理量的单位习惯产生冲突。

可是，光速是可以用理论推导出来的量，这并不是一个完全独立的实验测量值，这个矛盾该如何解决呢？

理论推导告诉我们的其实是这样一件事：真空介电常数、真空磁导率、光速，这三者只有两个是独立的。这就好办了，后出现的物理量遵从先出现的物理量的习惯。在这里，真空磁导率是辈分最小的软柿子。我们重新定义它就好了。这就顺便解决了很多朋友的另一个疑惑：为什么真空磁导率的值（$4\pi\times10^{-7}$ 特斯拉·米 / 安培）这么整齐？因为这根本就是人为定义的呀！

后记：为了更精确、更严谨地定义国际单位，对于米的定义，人们在 1967 年抛弃了依赖地球的老办法，改成了"光走 1 秒的距离的 1/299792458"。秒的定义也经过了修改，现在的定义基于能够保障其精确性的铯原子振荡频率。

以上就是米和光速这对冤家的故事。

◆ ◆ ◆

04. 在台风的风眼扔一颗原子弹会怎么样?

物理君要赞美这个脑洞!哈哈!

这应该没什么影响,原子弹的冲击波范围也就十几千米吧。一个大点的台风风眼直径动辄二三十千米,更不要说外围几百上千千米的气旋了。原子弹连风眼都填不满。大自然说,你们人类完全不够看啊。

我知道,这肯定不是你们想要的答案。那我们来脑补一个特别特别大的原子弹和一场小型台风吧!

首先台风眼是地表的低气压中心。大气从四面八方流向风眼,然后在风眼外围涌向高空。在那里丢一颗原子弹,原子弹释放的大量热量会使台风中心的气压短时间升高。这使得台风短时间减弱。然而这并没有(那个什么)用,热空气会迅速往上层大气涌,这又加剧了地表的低气压,于是更猛烈的台风即将产生。

所以,核弹对台风是完全没有办法的。这是螳臂当车呀!砸颗小行星说不定有用。

◆ ◆ ◆

05. 水热是因为水分子剧烈运动,但是为什么不管如何搅拌水,水都不变热呢?

水的比热容是 4.2×10^3 焦耳 /(千克·摄氏度),假设一杯水有 200 毫升,把它从 20 摄氏度加热到 100 摄氏度需要多少能量呢?答案是 67200 焦耳,这个能量足够把一个正常的成年人竖直往上托举 100 米。

虽然搅拌的时候能量的确全部变成了水的热量,但很可惜,那个量实在是太小了。

◆ ◆ ◆

06. 如果失控的电梯在做自由落体运动，里面的人在电梯即将落地时跳起，电梯在人落地前落地，那么此人会受伤吗？

　　别笑，很多人小时候都想过用这种方法避险。答案当然是不行了。我们详细分析一下为什么不行。男子跳高世界纪录是 2.45 米，别忘了这是背越式的，运动员实际重心升高不到 2 米。这还是在有助跑的情况下。美国职业篮球联赛球星克里斯·韦伯（Chris Webber）原地起跳纪录是 1.33 米，别忘了人家跳之前会下蹲蓄力加抬腿。

　　很不幸，你在自由落体的电梯里面，所以别说助跑了，下蹲都做不了。

　　现在，假设我们什么都不管了，我们疯了，我们认为你骨骼清奇，原地一蹦 2 米高。可那又怎样？比如，电梯从 10 米高的地方失控，那你蹦完之后速度一抵消的效果，等于你从 8 米高的地方开始失控。你还是"妥妥滴"……

现在，我们假设你是不世出的绝顶高手，苦修 40 年就是为了今天，你一蹦 10 米高！而且电梯天花板也非常懂事地先自己消失一会儿。这回你终于能活下来了吧？

很遗憾，并不能。你还是"妥妥滴"……

要记住，真正杀死你的不是速度，而是加速度。

◆ ◆ ◆

07. 太阳温度那么高为什么没蒸发？

第一，太阳表面已经是气态和等离子态了；第二，太阳表面引力很大，是地球的 28 倍，气体无法逃逸到太空中去。（耀斑和日珥是例外。）

◆ ◆ ◆

08. 人、老虎之类个子大的生物从高处掉落会摔死，而蚂蚁、蟑螂之类的小动物似乎从多高处掉下来都不会摔死，请问这是为什么？

这个问题很好，我们分两部分解释。

第一部分关乎空气阻力和终止速度。在空气中，自由下落的物体的速度并不会一直增加，当空气阻力等于重力时，物体就匀速下落了。这时候的速度叫作终止速度。一个物体受到的重力大小跟它的体积，也就是线度的立方，成正比，一个物体的空气阻力大致与速度跟截面积（线度的平方）的乘积成正比。如果空气阻力等于重力，我们立即就得到一个结论，终止速度与线度成正比。也就是说，越大的物体终止速度越大。

第二部分关乎标度变换与强度的关系。我们在很多地方都看到过这样的描述：蚂蚁能举起相当于自身体重几十倍的重物，如果蚂蚁像人那么大的话，它就能举起卡车。这个说法其实是不对的，这里错在把标度不变性套用在了不具有这种性质的对象上。如果蚂蚁真的像人那么大，它唯一的命运就是几根纤细的腿被自身体重压得站都站不起来。

这里的原因和上面提到的原理相似。因为重力与线度的立方成正比，而支撑你身体的骨骼的强度只正比于骨骼的截面积，也就是线度的平方；你的运动能力只正比于肌肉的横截面积，也是线度的平方。这导致的后果就是：结构相同的情况下，动物越大越脆弱，越容易受伤。

（蓝鲸离开水面很快就会死亡，但死因并不是窒息，它是用肺呼吸的！关键在于，蓝鲸体重太大，离开水后血压激增，导致心力衰竭。也就是说，它们会自己把自己压死。）

◆ ◆ ◆

09. 我们穿越回古代（比如秦朝）能发电吗？

为了这个问题，物理君专门跑去翻了《史记》，这真是太为难理科生了。（不过术业有专攻，我尽力而为，如依然有史实错误，望勘正。）

首先，秦朝的青铜冶炼技术已经非常成熟。而生铁冶炼技术始于春秋后期，西汉开始大范围应用，秦朝的冶铁技术就算没有成熟也不会差到哪里去。这样我们就有了两种电化学活性不同的金属，青铜和铁，理论上就有了制造原电池的可能性。不过，由于铁和铜的电化学活性差得不是特别多，再加上铁中杂质多，青铜中又掺有少量锡。因此，这个原电池的效率必定是极差的。

当然，光有金属电极还不行，还要有酸和盐组成的电解液。这在秦朝还真不一定有。因为常见的酸性植物，番茄啊，柠檬啊，那时都还没引进。唯一本地产的柑橘又在南方，而中国的南方大开发还要等到三国和南北朝时期。好在我查了一下，发现"橘生淮南则为橘，生于淮北则为枳"这句话原来出自《晏子春秋·内篇杂下》。我顺手还发现原来春秋时期我们就已经有醋了！所以酸液也有了！因此，在秦朝，虽然电灯泡是完全没有机会造出来的，不过电池可能真的能造出来哦！

这还没完，秦朝有没有磁铁这个事情似乎还没有定论，但磁铁是可以造的。将铁粉部分氧化成四氧化三铁，然后烧结成块材，再让它缓慢降温到居里点以下，这样它就可以在地磁场的诱导下成为一个比较弱的磁铁（这是富兰克林说的）。这样，有了磁铁，有了铁铜做的导线（当然，那时的铁铜有可能延展性差，不足以制成线，不过无妨，不行我们就用金嘛），彼时蜀郡郡守李冰正在兴修都江堰，当时的人有一定的水利工程能力，那么……你懂的。

◆ ◆ ◆

10. 数学为什么一定要以十进制为主？为什么没有人从不同进制研究素数在数轴上的分布规律？

因为数学家清楚，素数的分布和进制是没有关系的。5 在十进制中是素数，在二进制中也是素数，只不过把名字换成了 101 罢了。

所谓二进制、十进制，实际上只是数的不同表示，就像物理中不同的单位制一样。一个物体有多重就有多重，并不会因为单位从千克变为盎司就有所改变。

◆ ◆ ◆

11. 一只苍蝇在汽车里飞，没有附着任何东西，它为什么会相对地面跟汽车保持一样的速度？

它并不是没有附着任何东西。它附着空气。空气附着车。

其实常见的一类问题个个都可以用上面这句话回答。比如：为什么飘在空中的热气球还是会跟着地球自转？因为空气跟着地球自转。空气之所以跟着地球自转，是因为如果不这样，地表就会不停地摩擦空气，使它慢慢转起来，直到达到稳态。

12. 人的正常体温通常是 37 摄氏度左右，可为什么环境温度还没到 30 摄氏度人就开始感觉热，37 摄氏度的时候就会热到变形？

37 摄氏度真的会让人热到变形哦。

人体会发热，静息情况下（不走不跑不跳不表白不被表白），一个成年人的发热功率大概相当于一只 100 瓦的电灯泡。在不发生别的变化时，热量只会自发地从高温流向低温，且温差越大流得越快。如果环境温度跟体温一样都是 37 摄氏度，那这些自身产热就很难流出体外。人体又是一个特别精细的系统，多一两摄氏度都是要命的。但如果没有散热，一个 50 千克的成年人的自身产热只需不到一个小时就可以将体温上升一两摄氏度。所以室温 37 摄氏度的时候，人体一定会大量排汗，通过蒸发吸热来带走体内热量。换句话说，热力学告诉我，环境温度 37 摄氏度一定会让你出汗，你不出汗就中暑了，快往医院抬。

另一方面，太冷也不行，太冷就要身体额外消耗能量来保暖了（比如抖）。综上，20 摄氏度就是一个可以愉快散热又可以不用保暖的刚刚好的温度啦。

发热功率100瓦

6摄氏度   37摄氏度

13. 如果一个立方厘米的空间里面填满质子，它的质量会是多少？换成电子呢？

　　一个立方米的空间塞满质子，那密度就和中子星的密度差不多了，也就是每立方厘米（一个骰子）几亿吨。换成电子的话，密度大概是这个的两千分之一。顺便说一句，如果把地球上的物质都按这种办法紧密地安排上，那地球就成了一个直径大概 22 千米的球，投影面积比北京二环大一点点。

◆ ◆ ◆

14. 围棋棋局的变化数真的比已知宇宙的原子数还多？

　　不是多，是多得多得多得多。

　　标准围棋是 19×19 的棋盘，总共 361 个落子点，每个点有放白子、放黑子和不放子三种状态。那么棋盘总共就有 3^{361} 种状态，约为 10^{172}。宇宙中已知的原子数大约是 10^{80}。所以这不是多的问题，假如把很多宇宙加起来让这一堆宇宙的原子总数等于围棋的变化，那么光是这堆宇宙的数量都要比一个宇宙中的原子数量还多。

◆ ◆ ◆

15. 把核废料投到活火山口里会怎么样？

　　那么核废料会充分地熔解在岩浆中并流得到处都是……

◆ ◆ ◆

16. 据说一头 200 千克的猪四脚站在地面上时，对地面的压强约为一个大气压。水下 10 米处的压强相当于增加了一个大气压。那么潜水员要如何承受住来自各个方向的猪的踩踏呢？

　　用一个手指头轻轻戳一下鸡蛋，你很容易把鸡蛋戳碎；把鸡蛋握在手中使劲捏却不那么容易捏碎。这是因为鸡蛋被握在手里时是均匀受压的。

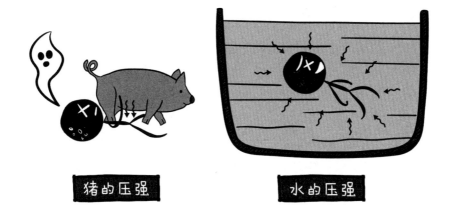

换句话说，虽然过大的压强的确对物体有破坏作用，但压强分布不均匀带来的剪应力对物体的破坏作用更大。而分布均匀的高压在一定程度上是比较容易承受的。

◆ ◆ ◆

17. 人类思想意识不同于电脑芯片和程序，它是如何产生和运行的呢？

针对大脑的物理建模我们是有一些的，不过还都处于比较初始的状态。比如，我记得有些（严肃的）论文指出，如果把神经元看作格点，把神经元之间的连接看作格点近邻相互作用，那么大脑的神经元在工作时的状态正好处于统计模型中的相变临界点附近。

解释意识的完美的物理理论目前还没有建立起来。但可以肯定的是，意识也好，大脑也好，都不会违背物理定律。所以（解释大脑和意识）这样的物理理论是可能出现的。凝聚态物理学家信奉一句话——"More is different." 大脑是一个如此庞大复杂的系统。解释它的理论一定是全新且极端复杂的，也许我们很难得到它，也许我们永远也得不到它。但它可以存在。

（本答案包含个人观点，读者请自行判断。）

18. 为什么原子弹、氢弹爆炸会有蘑菇云？在月球表面爆炸的核武器是不是就不会有蘑菇云了？

其实原子弹和氢弹在刚爆炸的一瞬间都是一个无差别的球形大火球。但很快，爆炸释放的大量热量把周围空气加热到了很高的温度，热胀冷缩使得周围空气体积膨胀密度变小，在冷空气浮力的作用下开始快速地往上运动，形成"蘑菇柱"。由于热空气在快速上升的过程中一直与周围的冷空气接触，当上升到一定高度后，原来的热空气已经冷却到与周围空气差不多的温度。此时空气不再继续上升，转而向四周扩散或被灰尘拖着下降。但上升气流会不断把周围的冷空气"拽"上来，所以下降气流一定会撞上后面的上升气流，于是被加热再次上升，在一定高度上循环。这就形成了蘑菇顶。

因此，蘑菇云的形成和核弹并没有直接联系，理论上只要炸弹威力足够大，能够在大气层中把大量气体瞬间加热到很高温度，就能形成蘑菇云。

但在月球上却不行，月球上没有空气，当然就看不到蘑菇云这种实质上是气体热对流的东西咯。

◆ ◆ ◆

19. 有真正意义的"单色光"吗？三棱镜分光到无穷远时，能把"单色光"像分颗粒一样分开吗？

实际系统中没有严格意义上的单色光，这是由量子力学中的不确定原理造成的。在量子力学中，光的颜色越"单色"，光子的动量不确定性越小，根据不确定性关系，光子的位置不确定性越大。而位置的不确定性不可能无限大，所以光子不能严格单色。

太阳光分光最后会出现一些分立的谱线。不过原因并不是上面说的这个，这些谱线来自太阳上的原子的原子光谱。

20. 如果地球上的植物都消失了，剩余的氧气可以让人类存活多久？

地球大气总质量大约是 $5×10^{18}$ 千克，氧气占比大约 20%，那就是 10^{18} 千克。（还挺整！）普通成人每分钟耗氧量大约为 250 毫升，每天大约就是 0.35 立方米。70 亿人每分钟耗氧大约 25 亿立方米。标准大气压下大约折合 32 亿千克的氧。另外，空气含氧量低于 10% 人就窒息死亡了。于是氧气储量人类只能利用一半。

结论：大概能活 $1.5×10^9$ 天，400 多万年。加油喘吧！

（PS：地球岩石圈的氧气储量其实比大气圈要多得多，但是这里不予考虑，因为它们释放得太慢了。）

（PPS：这有啥难的？小学数学题嘛。你们呀，就是不如物理君勤快。）

◆ ◆ ◆

21. 失重状态的人能否点燃蜡烛？能的话，烛火会是球形的吗？

蜡烛的燃烧需要氧气。在失重的条件下，由于没有了热对流，冷空气不会下降，热空气不会上升，充足的氧气也就不能到达蜡烛周围，从这一角度来看，蜡烛是不会燃烧的。但是气体的扩散效应也是必须考虑的。由于蜡烛周围的燃烧产物浓度高，环境的氧气浓度高，氧气就会向蜡烛周围扩散，燃烧产物向空气中扩散，只要扩散效应提供的氧气可以满足蜡烛燃烧的需求，那么蜡烛就可以燃烧。实验表明，在微重力情况下，蜡烛是可以燃烧的，只是燃烧的速率没有重力环境下大。蜡烛燃烧的火焰准确地来说是半球形，因为没有了对流，火焰会分布在烛芯的周围，从对称性来看就会成为近似的半球。

◆ ◆ ◆

22. 如果将昆虫原比例放大，它们的外骨骼要有多硬才能支撑它们的重量？

通常生物的尺寸越大，身体所承受的压强越大。简单的数学告诉我们，在身体构型不变的情况下，身体所承受的压强与尺寸成正比。所以，电影里面的哥斯拉小怪兽在陆地上行走真可谓是"压力山大"。我们可以估计一下，有资料显示：哥斯拉同学的身高约 110 米，体重达 9 万吨。如果用人类中最胖的体形做一个比对，那么它的骨骼承受的压强大约是一个正常地球人的 200～300 倍。这已经超越了人类长骨的压缩强度（约 200 兆帕）。况且，这还是以人类能承受的最大压强来算的，实际上，比较脆弱的环节像关节、内脏等能承受的阈值比这小得多。这就是为什么陆地上没有特别大的动物。曾经称霸一时的恐龙的最大体形不过几十米长，而且都是标准的短粗腿。

昆虫的外骨骼成分主要是几丁质（一种多糖）和蛋白质。这种材质的强度物理君没有查到，不过显然和人类的骨骼没法相比，而且刚性程度不能满足要求。所以，就算把蚂蚁放大到人类大小也能勉强站起来，但是我们也不愿意看到蚂蚁互相打个招呼整个身体都跟着摇晃的场面。至于题主所问的把昆虫放大，外骨骼要达到什么强度才能撑起它们的重量，物理君只能说原来的外骨骼肯定不行。至于什么材料是合理的和完美的，看看我们的周围吧，神奇的大自然早就把答案说出来了。

◆◆◆

23. 能简单描述一下闪电产生的原因吗？为什么闪电不走直线，而是分叉的？不是两点之间直线电阻最小吗？

雨天经常伴随出现闪电，闪电的产生包含了许多物理过程：云层和地面由于摩擦等带上了相反的电荷，电荷的集聚使云层和地面之间形成了强电场。空气由各种气体分子构成，其自身并不导电，所以一般情况下我们是看不到闪电的。但这些分子中的电子在强电场的作用下脱离原子核的束缚，空气变成由电子和离子形成的组合体，所以变得可以导电。电子在电场的作用下发生能级之间的跃迁，这种跃迁伴随着发光，这就是闪电。

但是大气中电离物质的分布并不是均匀的，因此空间中两点之间并不是直线通道的电阻最小。且闪电路线沿着电阻小的通道延展开来，而空间中电阻小的通道显然不止一条，所以就会有这样的现象——闪电走的路线是曲折并且分叉的。

综上，闪电分叉的关键有两个，一是导电介质——电离物质的分布，二是这些导电物质的运动。

电离物质来源于太阳辐射、地面辐射，以及宇宙射线与大气分子的作

用，一个能量足够高的光子（或其他高能粒子）能将电子从一个分子或原子中"撞"出去，从而留下一个正离子并在"远"处形成一个负离子。因此大气中总存在个别离子，比如失去一个电子或者额外获得一个电子的氧分子。而这些刚刚形成的离子会通过电场吸附周围极性分子，成为小团块，与其他团块一起在大气电场中到处飘移。其中"大离子团"在电场中移动较慢，而"小离子团"则最易于移动，于是空气中的电导率随离子团大小变化。这些"离子团"分布不均匀是因为高空大气有局域对流以及风在地面刮起灰尘（作为"核"拾取小离子电荷形成大离子），或者人类把各种污染物（PM2.5）抛入大气中，导致靠近地面的电导率变化得很厉害。这也是为何靠近地面时，闪电会出现更多分叉以及弯曲程度更高。

参考信息及文献：

（1）雷暴雨云中电荷分离的理论是威尔逊（C.T.R.Wilson）首先提出来的。1911年，他把这个现象与自己的理论结合改进了威尔逊云室（1896年最先由威尔逊发明）。威尔逊也因威尔逊云室，最早的带电粒子探测器，获得了1927年的诺贝尔奖。

（2）《费曼物理学讲义》，第二卷，第九章。

◆ ◆ ◆

24. 假设我们能看见氢分子，那我们会看到什么景象？我们会看到两个小球在高速振动吗？

不用假设，你确实有可能看见氢分子。

我们先解释一下什么是"看见"。狭义地说，"看见"一个物体表示你接收到那个物体向你发过来的处于可见光波段光子。氢分子不同的分子势能曲线之间的能级差大概是可见光到紫外波段，只要这个氢分子做了这样的能级跃迁，发出的光子被你接收到（据生物学家说，人眼的感光细胞可以对单光子做出响应），你就看见了氢分子。至于问题的后半段所提到的景象，假设你的"看见"是广义的，比如说你以某种方式确定两个氢原子的位置，并且能分清楚它们振动的位移的话，这种方式带来的扰动必然会影响到这个氢分子的状态。至于电子云，这是电子波函数在空间分布的一种表示方式，只是个概率分布，不可能被看见。

◆ ◆ ◆

25. 假设有一列速度接近光速的火车，静止时的长度比隧道的长度长。它经过隧道时，两道闪电同时击中隧道的两端，但由于动尺变短效应，站在隧道旁边的人看到火车完全进入了隧道，刚好不会被闪电击中。但是，站在车上的人看到的却是隧道变得更短，不可能完全遮住整列火车，那么他看到的闪电会不会击中火车呢？

其实这是一个比较经典的狭义相对论问题。题主的问题可以描述为：在地面参考系看来，隧道两端同时发生的事件，在火车参考系看来它们的空间坐标是否落在火车内？我们通过洛伦兹变换就能得到答案。

狭义相对论告诉我们：如果隧道的长度恰为$\sqrt{1-v^2/c^2}$倍的火车长度，那么能够同时击中隧道两端的闪电也恰能击中火车两端。但是在火车上的人看来，两端遭受电击并不是同时的，他们先看到头部与隧道前端重合，受到一次电击，然后尾部与隧道后端重合又受到一次电击。（还是上车更刺激。）

虽然这个结果有点反直觉，但是这是满足光速不变原理的必然结果。理解相对论的关键在于理解光速这个概念。首先它代表了物质运动相对于一切参考系的极限速度（光只是一个代表），所以速度不可能线性叠加。然后，光速不变是一个原理，也就是一个假设，当然，这个假设得出的推论符合实际，这才是它的价值所在。

物理君在这里还想留个思考题：火车上的人看到的能同时击中火车两端的闪电在地面上的人看来能否击中隧道两端呢？

26. 能不能人工制造海市蜃楼？

海市蜃楼分为上现蜃景和下现蜃景两种。前者一般出现在冰川等寒冷地带，空气密度和折射率在高空小，在地面大，因此景物反射的光在向上传播的过程中会逐渐偏转，最终发生全反射，人眼看到的景物如同浮在空中一样。

下现蜃景一般出现在沙漠或夏天的柏油路上。空气密度和折射率在高空大，在地面小，周围景物反射到地面的光会被地表空气全反射，在人眼中景物如同水中的倒影，让人误以为地面上有一潭水。

海市蜃楼产生的原理并不神秘，事实上我们只需一块折射率有变化的介质就可以看到类似的效果。

◆ ◆ ◆

27. 据说孙悟空是以音速飞行的，因为他的筋斗云就是音爆云，这是真的吗？在水中以音速运动又是怎样的情况呢？

声音的本质就是介质振动的疏密波（纵波）。一架飞机飞行的过程中碰撞空气产生振动，这种振动就以声波的形式向外扩散。

当达到音速的时候，飞机在碰撞自己跟前的空气，而空气却来不及将这种挤压扩散出去，因而被紧密地压在一起，对飞机产生剧烈的阻力和扰动，这一现象叫音障。

在这一过程中，被挤压的空气有很大的压强，高压下空气中的水蒸气被液化成小水滴，形成一片白色的"云"。这一现象就叫音爆云。

音爆云和音爆都只在飞机突破音速的那一刻产生，一般来说持续几秒钟——没有飞机会一直卡着音速飞行。速度完全超过音速以后，飞机自身反倒平静了许多。飞机仍在碰撞空气，但它将自己发出的声音甩在了身后，本来应该以球面波形式传播出去的声波波前此时形成了一个锥形面——飞机在锥尖的位置。

飞机外面的你在"声锥"之外什么都听不到。当声锥界面经过你的位置时，空气压强的突变会使你听到如爆炸一般"砰"的一声，这就是音爆现象。之后你在声锥之内了，听到的就是正常的飞机飞行声。

上面描述的"声锥"有个学名叫激波。在任何介质中，点波源的速度超过介质中的波速，都会产生激波现象。水中声速为 1500 米 / 秒左右，如果一个物体能在水中超过这个速度，想必会产生比空气中更加剧烈的激波现象，只不过这样的现象很少被观察到。

虽然水中声速很快，但水面波（就是一枚石子投入水中产生的涟漪）往往波速很慢——一般每秒只有几米。跑得快的船在水面可以产生艏波，这也是一种激波现象。

事实上，这一现象甚至对光也成立。真空光速是不可超越的，但介质中的光速却可以。一些高能粒子可以具有比介质中光速更高的速度，这也会发生类似的激波现象，学名叫切连科夫辐射。这一现象在高能粒子的探测中有重要应用。

◆ ◆ ◆

28. 地球是一个球体，将其表面展开铺平，得到的不该是一个矩形，但为什么时区划分图中的世界是矩形的？

地球是三维空间中的球体，而地图则是二维平面中的图。你没有办法将一个球面变成一个平面。当采用不同投影方式将地球表面映射在二维平面上时，每一种投影方式都会使地球表面产生变形。因此，世界上没有完全精确的地图，各种地图都是为方便实际使用设计的，都会着重保证某一方面的真实性。

时区是以经线来划分的。为便于时区划分，经线划分图上将经线变形为直线。这种地图多采用墨卡托投影制作。这种投影方法，简单讲就是假设有一个和赤道面垂直的圆柱套在地球上，这时在地心点亮一盏灯，灯光会将地球上各个点映射在圆柱上。把圆柱展开，这种矩形地图就出现了。

不过实际上我们较少用到矩形的地图，因为矩形地图失真很严重。使用墨卡托投影制作的地图，纬线和经线是相互垂直的直线，但纬线越接近两极地区，间隔就越大，到南北极点时，纬线间距离达到无穷大。由此造成的结果，就是地图在赤道地区非常精确，但在两极地区则变形极大。

至于为什么常见的世界地图多接近矩形，这主要是出于地图实用性的考虑。为了不将地球上的大陆生生切断，地图的边缘形状必须较为规则。（想一想，如果你的国家在世界地图上被边缘切开了，你是不是会非常郁闷？）椭圆形的世界地图既保证了失真不特别严重，又使各块大陆、各个国家的形状都能在地图上得以完整地展现。因而，这种出于综合考虑的地图实际使用最为广泛。

◆ ◆ ◆

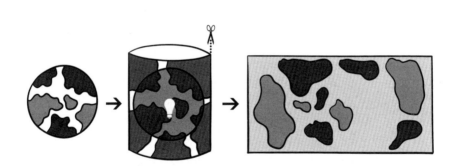

29. 什么是玻尔兹曼大脑？

玻尔兹曼大脑是一个很有趣的问题。高度无序的系统越发稳定，越发不可能产生特殊变化，例如产生生命。因此生命几乎不可能出现在高度无序的系统中，而是诞生于宇宙较早时期，此时熵极低，可能产生生命（虽然概率极小但却可能发生），并演化成高级生命，比如我们人类。

然而，对于人体来说，单独大脑出现的概率大于人体出现的概率。也就是说，宇宙中很可能出现一种完全由大脑构成的生命，这就是玻尔兹曼大脑。这些大脑很可能存活了下来，并在虚空中进行着超越人类极限的思考，甚至构建出我们所熟知的世界体系。细思极恐！实际上，我们自己都不能确定我们是否生活在我们大脑所构建的模型当中。

这个问题有点像"缸中之脑"的猜想，只不过没有邪恶的科学家，而是以条件概率为基础。历史上，玻尔兹曼确实是在研究热力学时想到的这一问题，但实际上，我们可以通过概率，而不基于热力学讨论它。

◆ ◆ ◆

30. 汽车、高铁和飞机的表面能不能做成高尔夫球那样表面坑坑洼洼的样子，从而减小空气阻力，减少燃油或电力的消耗？

物体在空气中运动所受到的阻力主要有两个来源：（1）摩擦阻力，又叫黏滞阻力，这是和空气摩擦产生的力；（2）压差阻力，这是运动物体前方高压区和后方低压区产生的压差带来的力。我们都知道，一块垂直在空气中运动的平板会受到较大的阻力，如果把平板前方（左侧）的高压区用半椭球状的物体填满（如图），那么气流在前方早一点贴合物体，就会使前方压强变小；如果把平板后方的湍流区用一个圆锥状的物体填满，那么后方的气流就会相对较晚地分离，使得后方压强变大，这样就能够减小压差阻力，这就是流线型减阻的原理。

高尔夫球的阻力主要是形状所致的压差引起的，摩擦处于次要地位，凹坑可以延长后方气流的分离时间，减小压差阻力。而飞机本身接近流线型，摩擦阻力占主导，所以凹坑增加反而不利于飞行，何况还要考虑材料强度、成本、外形美观等各种因素。其实，飞机和某些车为了增加气流在物体后方分离的时间，还装配了涡流发生器，可以大幅减小阻力。

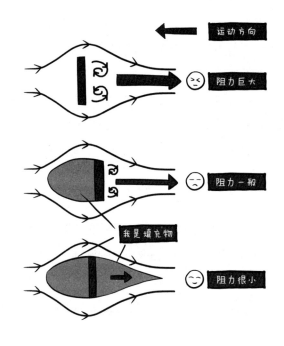

• • •

31. 外星人的眼睛有没有可能接收红外线或者紫外线？他们会不会比地球人的视野更宽阔？

可能啊，相当可能！其实我们不需要提外星人——难道题主忘了江湖上名震天下、红极一时的皮皮虾？我们要说的不是吃货嘴里那种土里土气的皮皮虾，而是它的亲戚，色彩艳丽的齿虾蛄科孔雀螳螂虾。这家伙至少有16种视觉感受器，其中6种可分辨普通颜色，6种可分辨紫外线，还有4种可以分辨圆偏振光！是不是很逆天？

其实，视觉方面的能力与生物拥有的视觉感受器种类直接相关，且往往与其生活环境及生存需求密切相关。人类拥有负责感应光强的视杆细胞和负责捕捉颜色的三种视锥细胞；汪星人和喵星人更关心黑夜里捕捉猎物的能力而对颜色需求不大，故视杆细胞更发达而视锥细胞种类比人少；蜜蜂和蝴蝶天天在太阳下面拈花惹草，可以在紫外线图景下分辨各种花瓣；响尾蛇需要精确感应温度变化、判断猎物位置，红外视觉对其非常重要。

至于皮皮虾嘛，这么逆天的能力居然用来谈恋爱！色彩艳丽的外壳只有它能欣赏，圆偏振光的交流暗号也只有它能看懂……同在一个地球，尚且如此不同、各怀绝技，那远在宇宙深处的外星人，你猜会怎样呢？

32. 云的主要成分是水滴和冰晶，水和冰都比空气重，为什么不掉下来呢？

物理君童年时也疑惑过，天上那么大块的棉花糖咋不掉下来呢？

其实云是会掉下来的，只是掉下来的速度很慢很慢，这归根结底是因为空气有阻力。云中的水滴半径 r 很小，只有几微米到几十微米，其重量很轻，空气阻力不可忽略，且随水滴下落速度增加而增大，因此这些水滴在空中达到受力平衡时的速率，即收尾速率 v 很小。这还只是空气静止时的情形，实际上云层附近还会有风和上升气流，云随风而飘，有一些在这个过程中消散了，毕竟小水滴也会蒸发。更直观地说，悬浮的小水滴，在天上叫云，在地上叫雾，你看看雾滴的运动，是不是很慢？而即使是大雨滴，也砸不死人，可见空气阻力的作用还是很明显的。

具体来讲，水滴受到的与半径和速率成正比的黏滞阻力值为 $6\pi\eta rv$，方向向上，其中 η 为空气的黏滞系数；水滴还受到重力和浮力，合力大小为 $(\rho - \rho_0)\, g\dfrac{4\pi}{3}r^3$，方向向下。三力平衡可得收尾速率 $v = \dfrac{2g(\rho - \rho_0)}{9\eta}r^2$，可见该速率与 r^2 成正比，当 r 很小时，速率也很小。云中典型的水滴直径为 10～50 微米，相应的下落速率为 3.0 毫米/秒～7.5 厘米/秒，这要落下来得好久好久。而一旦小水滴凝聚在一起，即可很快下落，如直径 5 毫米，则速度约 7 米/秒。不过这是用另一套公式计算的，因为此时空气阻力以压差阻力为主，与 r^2v^2 成正比，前述公式已不适用。

有趣的是，利用超微液滴收尾速度很慢且与外力成正比这一规律，人们可以精确地测定微小的力。还记得大名鼎鼎的密立根油滴实验吗？在物理上具有重要意义的元电荷 e 的大小就这么测出来了！1923 年的诺贝尔物理学奖就是这么诞生的。

33. 如果在光速飞船上发射一束光，那么这束光难道不会比飞船更快吗？这样光速不就能超越了吗？

在狭义相对论的世界里，不同的参考系中，不仅单个物体的绝对速度不同，两个物体的相对速度也是不同的。第一个问题中的情况可以用狭义相对论的基本原理来解释——光的真空速度在任何惯性参考系里都是 c（常量）。如果你在飞船里，则认为光以光速 c 远离你；如果你在"地面"（飞船相对你的速度是光速 c），则认为光的速度也是 c，而飞船和光的相对速度为 0。

感兴趣的朋友可以试试做些简单计算。狭义相对论基于相对性原理和光速不变原理，可得到在不同惯性系中速度的变换公式 $u=\dfrac{u'+v}{1+\dfrac{u'v}{c^2}}$。我们可以看到公式中物理量的对应关系：$v$ 代表 K'（参考系）相对 K（参考系）的速度，u' 代表研究对象在 K' 中的运动速度。知道这些，就可以求出研究对象在 K 中的运动速度。以问题中的情景为例，若参考系 K 和飞船 K' 相对速度为 $v=c$，K' 中发出光的速度为 $u'=c$，代入公式计算，就可以得到在 K 中的速度 $u=c$，在这里我们可以看到理论的自洽。

而第二个问题同样可以通过计算解答。若光速飞船参考系 $v=c$，而人相对飞船的速度 $u' \neq c$，代入后同样得到 $u=c$。

也就是说，不论你在飞船里以多大的速度向"前"运动，别人在 K 参考系里总会认为你和飞船速度相同。怎么样，很不可思议吧？

◆ ◆ ◆

34. 对着手哈气会感到暖，吹气会感到冷。那么是否存在一个吹气速度让人感觉不冷不热？

这个问题的答案是肯定的：理论上可以定义一个吹气速度，我们暂且把它定义为"均衡吹气速度"。

　　均衡吹气速度可能是非常难以定义的物理量。吹出的气体在运动过程中，气流的变化非常复杂，环境风速、温度、压强以及吹气口型等，都会影响到气流到达手掌时的温度。因此，把这些考虑在内，我们需要在一个稳定的环境中定义该数值。例如，保证环境为标准状态（273.15K，1atm），保持环境风速低于 0.1 米 / 秒，保证手到口的距离为定值。

　　综合以上考虑，外界的问题大多数都解决了。这种条件下，我们吹出具有某个速度的气体，它在到达手掌的时候就能达到一个合适的温度，而且保持很小的误差。注意，这个温度是物理的温度，不是感受的温度。

　　接下来，我们考虑感受的问题：由于个体差异，不同人对相同温度的感受可能不同，因此，为了简化，我们需要一个"标准人"来测定感受温度（当然，如果不考虑普适，也可以为每个人测定一个均衡吹气速度）。而且，不同的部位对温度的感受也会不同，因此我们还需要选定一个标准部位。另外，由于人对"不冷不热"的气流可能不太敏感，因此这个均衡吹气速度会是一个范围，而且范围大小因人而异。

所以，就定义均衡吹气速度需要"标准人"这个事来说，定义这个量还是不现实的，因为"标准人"是很难定义的。其实，人对温度的感受和环境密切相关，人的皮肤感受到的是热流密度而不是温度。热流密度和温差、传热系数密切相关。另外，风速对人体感受到的冷热影响可以很大。人在温度稍低且高风速的环境中比在温度更低且低风速的环境中更容易冻伤。

◆ ◆ ◆

35. 以导体传递电子信号，人们能做出电子计算机，那传统意义上的"机关"和现代意义上的机械结构能不能称为"力学计算机"呢？

题主的这个思考角度很有意思。确实，有一类能够实现一定的逻辑操作的机械可以看作广义的计算机。被尊为计算机科学之父的数学家图灵，就曾将现实中的计算过程抽象为数学上虚拟的机器模型，即大名鼎鼎的图灵机。图灵机包含四个关键组成部分：一条可依次记录有限种符号的无限长纸带，一个可来回移动并读写符号的探头，一套基于当前状态和符号确定读写头下一步动作的规则，一个记录机器当前状态的寄存器。

尽管公认的现代意义上的计算机直到 1946 年才诞生，但是早在 1804 年法国人约瑟夫·玛丽·雅卡尔（Joseph Marie Jacquard）发明的用于织造花纹布料的新式提花机中就已经用到了编程控制的思想和方法——根据要编制的图案在纸带上打孔，以孔的有无来控制经线与纬线的上下关系。1836 年，英国数学家查尔斯·巴比奇（Charles Babbage）制造了木齿铁轮计算机，并利用雅卡尔穿孔纸带原理进行编程。IBM 公司靠卖穿孔卡片制表系统起家，并于 1935 年开发出穿孔卡片式计算机。

当然，"机械式计算机"不只是以上这些古板枯燥的样子，其优雅与艺术性也足以让我们叹为观止。英国人送给清廷、现收藏于故宫博物院的清铜镀金写字人钟，利用具有凹凸槽的偏心铜转盘，通过巧妙的配置实现类似编程的功能，可以用毛笔工整地书写"八方向化，九土来王"八个汉字，非常有趣，快去搜个视频看看吧！

◆ ◆ ◆

36. 如果给地球钻一个经过地心的对穿孔，然后丢一个重物下去，这个重物最终会悬停在地心处吗？

我们知道，球壳内部任何一点来自球壳的总的万有引力为 0（证明过程可以参考静电场的高斯定理），这样的话，一个实心球内部任意一点受到的万有引力可以分解为一个球壳和一个小的实心球提供的万有引力的合力（以该点到球心的线段为半径画一个球面，将实心球分为一个球壳和一个小实心球），显然球壳并不贡献万有引力，只有剩下的小实心球贡献，方向指向圆心（其实读者可以试着将该点所受的万有引力的大小解析式写出来）。

现在，如果我们不考虑阻力的话（无能量耗散），将重物自由落到孔中，重物一旦开始受到指向球心的力，必将一直加速运动，直到到达球心，重物此时受到的合力为 0，但依旧有速度，因此会继续沿着小孔运动，只是越过球心后受力依旧指向圆心，因此会做减速运动，根据机械能守恒我们知道，重物肯定能到达小孔的另一端出口，并且到达时速度为 0。此时重物由于还是受到指向球心的万有引力，所以还是会往回运动，所以重物就会一直这样沿着隧道做往复的周期运动。但如果考虑阻力的话，重物的机械能沿途耗散，因此它最终会停在球心处（势能最低的点）。

◆ ◆ ◆

37. 为什么没有透明的金属？

关于透明不透明的问题，物理君可以讲上一年都不带重样的。时间有限篇幅有限，咱们这里就简单说明一两点吧。

适应一下物理学的节奏，我们首先来明确一下概念：透明和金属。金属好理解，这里按维基上的说法来，金属是一种具有光泽（对可见光强烈反射），富有延展性，容易导电，容易传热的物质。这或许不太严谨，那就来个稍微专业一点的，元素周期表上所有带金字旁的元素（外加汞）构成的物质是金属。金属有个性质就是有大量"全局共享"的"自由电子"。

啥是"透明"呢？这个词比较"意会"，咱们把它明确一下，就是透光。这里针对的是可见光。毕竟对于 X 射线之类，不透的物质还是比较少的。

为啥有的物质"透"，有的物质"不透"呢？宏观上几乎所有电磁波问题都可以用麦克斯韦的电磁波理论来解释。简单理解就是麦克斯韦方程组加上边界条件可以解出电磁波在介质中的传播方程。而与介质相关的量是电容率（介电常数）和磁导率。为啥有的介质透光呢？就是该材料的电容率和磁导率恰好能使麦氏方程有可见光波段的解，而不透光的介质没有可见光波段的解。

如果物理君只说这么多，然后告诉你就这么巧，金属恰恰满足这个光不能透过的条件，你是不是会很不服？！

那就再满足一下你的好奇心，稍微说一下电磁波在金属中传播的微观机制。这里涉及的专业知识就比较多了，要想彻底弄明白这个问题的同学最好报考物理学专业。我们就说几个专业名词来满足一下"高级"的追求好了。我们知道，金属中有很多"自由电子"是"全局共享"的。而可见光在金属中不能传播，这主要是由这些个自由电子对电磁的响应特性造成的，这里涉及复杂的电磁相互作用，就不展开说了，其结论就是自由电子的电磁响应决定了金属对低于某一个频率的光子（可见光就在这个范围内）具有较强的反射率，这也是多数金属带有光泽的原因。

38. 为什么高处比低处冷，越高不应该离太阳越近吗？

事实上，地球表面大气的温度并不完全随着高度的升高而降低，而是在不同的高度有不同的表现。以对流层和平流层为例，对流层内大气温度随高度的增加而降低，海拔每升高 100 米，温度约降低 0.6 摄氏度，而在平流层底部温度基本恒定，海拔超过 20 千米的部分温度随高度的增加而升高。原因在于，不同的区域大气获取热量的途径不同，阳光的辐射是所有大气共同的热量来源，这也给题主海拔越高阳光越强（并不是因为离太阳近，而是大气对阳光的吸收比较弱）从而温度越高的印象。不过对于大气层底部的空气来说，地面也会对其直接加热。

从近些年的报道来看，地表温度突破 70 摄氏度的城市并不少见，地表对空气的加热效应很明显，而海拔越高地表的加热效果越不明显，于是低海拔处温度高，高海拔处温度低。对于平流层的大气来说，地面的影响可以忽略，阳光辐射成为热量的唯一来源。随着海拔的升高，空气的臭氧含量升高，大气对紫外线的吸收增加，温度逐渐上升。

◆ ◆ ◆

39. 为什么镜像是左右颠倒，而不是上下颠倒的？

为了弄清这个问题，我们做一个简单的假设。假设在无重力的环境下，一面圆形的镜子前面站着一个"点"观察者，这个观察者会发现一个非常神奇的情况：它是不能区分上下左右的，既然如此，它也就无法区分镜子里的图像是左右相反还是上下相反。它唯一可以区分的方向，就是垂直于镜面的方向。假如镜子无限大，它甚至都不知道它是否有平行于镜面的运动！

我们人大约也是这样。当我们说镜像左右相反的时候，我们想象另一个自己绕镜面竖直中心线旋转 180°，来到镜子后，我们将镜像与自己比较得出左右相反的结论。实际上，我们也可以将旋转轴放在水平中心线上，那样我们就能得出上下相反的结论了。所以，有没有什么简单的方法可以让镜像看起来上下颠倒呢？

　　可以试试对着镜子平躺嘛！

◆ ◆ ◆

40. 光照会对物体产生压力吗？如果会，为什么光不会砸死人？

　　从现代物理的角度来看，力并不是一个非常本质的概念，力的实质是动量在单位时间内的改变量，或者说是一种有动量转移的相互作用的表现形式。这一点在经典力学中就有一定的体现：力 $F=\mathrm{d}P/\mathrm{d}t$。因此要判断一个过程是否有力的"存在"，关键是要看这个过程是否存在动量的转移，或者说参与相互作用的双方是否有动量的改变。

　　说了这么大一堆，现在回到光照是否会对物体产生压力这个问题上来。从量子力学的角度来看，光实际上是电磁相互作用的传播者，名曰光子，携带一定的动量和能量。其（真空中）动量的大小正比于其能量，比例系数 c 为真空中光速。当光照射到物体上时，光会被吸收或者被反射，这两个过程都会使光子动量改变，因此被光照射的物体会受到力的作用。有人可能会问，我天天晒太阳，为什么没有感觉到光的压力？这是由于日常生活中的光产生的压力实在是太小了，在能把你热成狗的烈日下，你受到的光压强也仅仅是大气压强的千亿分之几（整个地球受到的太阳光光压大约有几万吨）。

日常生活中的光压小主要是因为光功率密度太小了。这里再举个大光压的例子：在人造光源中恐怕只有大功率激光能够产生较大的光压，不要说人，大功率激光可以在一瞬间让钢铁升华。但是这与恒星内部的光压相比简直不值一提，比如太阳核心附近的光压大约是一亿亿倍大气压。

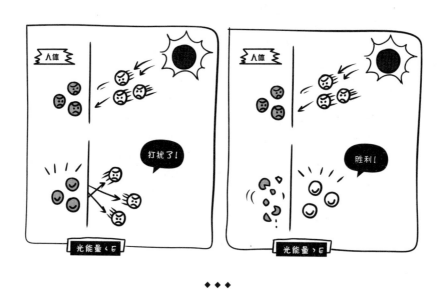

$\bullet \bullet \bullet$

41. 有一座独木桥极限承重 100 千克，小明体重 80 千克，拿着两个 15 千克的背包，有没有可能通过轮流抛接的方式过桥？

我们分析一下丢背包的过程，从你接住它起便要给它施加一个向上的力以使它先减速下降直至速度降为 0，接着再加速上升。根据牛顿第三定律，此时背包也会施加给你一个向下的力，这个力需要桥给你额外的支持力去平衡，也就是说你会对桥有一个额外的压力。假设你施加给背包的是一个恒力 F，从你接到它到它再次被抛起离开你手的这段时间为 t，背包质量为 m，则有：$(F-mg)t=2mv$。

在这一过程发生时，另一个背包必须一直在空中，由于抛两个背包是相同的过程，所以时间 t 必须小于以初速度 v 竖直向上运动的背包再次回到你手中的时间 $2v/g$，也就是——

$t < (F-mg)t/mg$

$F > 2mg$

也就是说，抛接并不能起到减小压力的作用。想通过轮流抛接的方法过桥可以这样做：先依次把两个背包抛过桥然后再过桥。

这个问题给了我们一个启示——好好减肥，别想没用的。

◆◆◆

42. 在赤道上建个太空电梯，一个人带着卫星坐电梯升到地球同步卫星轨道的高度，打开电梯门，轻轻地将卫星推出去，人会看到卫星静止地悬浮于门外成为一颗同步卫星，还是会看到卫星掉下去？

卫星不会掉下来是因为它做圆周运动时所需向心力正好和它所受的引力大小相等方向相同，也可以说此时万有引力正好充当了向心力，即：

$$G\frac{Mm}{r^2} = m\omega^2 r$$

地球同步卫星运动的周期与地球自转周期相同，那么由等式可知其必然与地球相距一个确定的距离。卫星的推进器做功不仅需要克服引力，还需要提供在轨道上运动的动能。我们假设真的可以造一个电梯把你送到太空。在这一过程中克服引力的功由上升的电梯提供。电梯升降通道是固定在赤道上的，所以整套电梯机械都在做和地球自转周期相同的圆周运动。因此当你抱着卫星上去时，ω 和 r 的平衡条件达到了，它自然不会掉下去，所以你看它是静止的。事实上此时你也和它一样在做圆周运动，万有引力充当了向心力，所以你处于失重状态。

43. 在火车静止的时候，在火车车厢半空中升起无人机，让无人机悬浮静止，然后火车发动，无人机会碰到车厢上吗？如果有相反的情况，在高速行驶的火车中，无人机悬浮在车厢中间，无人机会和火车速度同步吗？

我们先来分析下人坐在车里的情况：在火车启动时，座椅会对人施加一个推力，这个推力会把人往前加速，这样可以使人和火车一直保持一个同步的状态。对于悬浮在车厢中的无人机来说，火车在启动时相对于地面一直在加速，但是和人坐车不同的是，没有什么物体在推着无人机向前加速（空气的作用非常有限，可以忽略不计），所以火车相对于地面越来越快而无人机则一直悬浮在原处（相对于地面来说），结果就是无人机最终会撞到车厢上。

如果在火车匀速直线运动的过程中升起无人机，因为无人机原本就和火车具有相同的速度（无人机停在车厢里），所以升起过程中即便没有其他物体的推动，无人机仍然可以和火车保持相对静止（水平方向），这种情况下无人机就不会撞到车厢。但是如果火车在无人机升起后开始加速，这种情况下，无人机仍然会撞向车厢。

◆ ◆ ◆

44. 一定要有水才会有生命吗？难道不能有以其他资源为基础的生命？生命一定要出现在宜居带上吗？

这个问题很大，以目前的知识来看，我们没有答案。一方面我们还没有发现任何不含水的生命，但另一方面，也没有任何证据表明生命一定非要含水不可。

不过至少我能讲讲人类在寻找外星生命时总是先找水的理由。因为水作为地球生命的载体，是有着很多得天独厚的优点的。

第一，要维持生命，溶剂是至关重要的。有了溶剂，生物才可能发生新陈代谢，才可能吸收营养和排除废料。而比起其他溶剂，水是一种相当容易形成的分子，它的化学结构简单，只由氢和氧组成，分别是宇宙含量第一和第三的元素。

第二，水的溶沸点分别为 0 摄氏度和 100 摄氏度，这个温度区间恰好是大多数有机分子可以参与反应而又不至于结构被破坏的温度区间，是有机分子发生反应的理想环境。

第三，水有着反常的高比热容，要蒸发 1 千克的水需要消耗接近 600 千卡的热量！这使得以水作为载体的生命对外界温度的变化有着更强的抵抗能力。

第四，水有着很大的表面张力（室温下只输给水银），这可以极大地帮助有机分子聚集，帮助生命演化。

第五，……

暂时想到这么多。

◆ ◆ ◆

45. 为什么光可以用东西挡住，声音却不可以？

其实声音也是可以用东西挡住的，光也可以不被东西挡住。你问题中的光指的是我们能够看见的可见光，你问题中的声音也只是可以听到的声音。

在物理上，光和声音都是一种波动现象。只不过一个叫电磁波，一个叫机械波而已。而决定一个波会不会被一个东西挡住的因素很简单：波长的尺度与物体的尺度。如果波长远小于物体的尺度，那么这样的波就会被物体挡住。反之则不会。

人能够听到的声音的波长在 17 毫米到 17 米这样一个尺度范围内。日常生活中的绝大多数东西也恰好都在这个尺度范围内。结果就是声波很容易绕过这些物体被我们听到。这种现象就叫衍射。

另一方面，可见光波长的数量级只有几百个纳米，这个尺度远远小于日常生活中物体的尺度。所以光看上去几乎就是直线传播的。

问题的关键不是光或者声音，而是波长。声波波长很短时就不能绕开物体了，超声波就是准直线传播的声波。同样，波长长的光波/电磁波也可以绕开物体。这就是你在家到处都能收到 Wi-Fi 信号的原因。（Wi-Fi 信号是电磁波，2.4GHz 协议，它的波长差不多就跟你的脸一样宽。）

◆ ◆ ◆

46. 根据热力学第二定律，世界将越来越混乱。那为什么会产生能体现秩序的细胞、生物和人类？

"世界"一词有两种理解方式，一种立足于全宇宙，一种立足于地球，即我们生活的世界。

热力学第二定律表明，孤立系统的熵值是不断增加的。站在第一种角度看，这个问题即是著名的"热寂"理论。站在第二种角度看，这个问题就变得复杂了，因为地球不是一个孤立系统，它每时每刻在与外界进行物质能量交换。对于非孤立系统，热力学第二定律不能简单适用，因此我们不能直接得出"世界将逐步更加混乱"的结论。

事实是，生命的出现对于我们生活的狭义的世界来说确实是更有"秩序"的，然而对于广义的世界即整个宇宙来说，它仍然会使"世界更加混乱"。生物体为了维持生命，即维持一种远离热力学平衡态的"秩序"，必须不断向体内注入"高秩序"的低熵食物，并排出"低秩序"的高熵产物，才能平衡体内不断发生的不可逆的熵增过程，表现出"活力"。也就是说，生命创造出来的局部"秩序"是以不断牺牲生命系统之外的"秩序"为代价的。对于宏观的生态系统来说，最初的"食物"主要来自太阳的电磁辐射（以可见光为主），绿色植物通过光合作用可以对它们加以利用。

而最终的"产物"包括两部分，一大部分是所有生物因呼吸作用而产生的热辐射（以红外线为主），比如人体的 37 摄氏度体温辐射；另一小部分则是远古动植物尸体转化成的各种化石燃料。整体上看，这是一个熵增的过程，因为根据黑体辐射理论，等量红外热辐射的熵远大于等量可见光热辐射的熵（虽然它们不是严格的黑体辐射，但定性的结论不会改变），而化石燃料的熵则介于这两者之间，因此生命的出现并没有违背热力学第二定律。

学习篇

01. 基本的物理常识有哪些？

简单的物理常识有很多（牛顿定律啊，热力学定律啊，等等），但物理君觉得最重要的是这三条：

（1）物理是一个以实验为基准的实证学科，不是一门光靠空想和思辨的"哲学"。

（2）物理不是真理。

（3）但物理更接近真理。

◆ ◆ ◆

02. 在学习物理的过程中最应该重视的是什么？

脚踏实地。不要天天想着宇宙啊，量子力学啊，相对论啊，这些看起来很"酷"的知识，而不屑于思考牛顿力学和生活中常见的现象。首先，相对论没有那么难；其次，牛顿力学没有那么简单。

◆ ◆ ◆

03. 物理公式太多了，都要记住吗？

哈哈哈哈！同学，就算把公式全部背下来，你也不一定学会了物理。一般来说，比较好的办法是：（1）找出最基本的几个公式；（2）推导出其他所有的公式——这个办法不但不用记，还能检验你是不是真的把物理学懂了。

◆ ◆ ◆

04. 不用数学公式，只靠语言描述，能使一个智力正常但不懂数学的人理解物理吗？

一般我们认为，真正的物理大师可以不用数学公式，只靠语言描述清楚物理图像。但物理是离不开数学的。我们认为不用数学公式讲清楚物理的第一步，就是用数学公式讲清楚物理。

同时，我们认为不用数学公式讲清楚物理的必要非充分条件是讲者与听者都会用数学公式讲清楚物理。

◆ ◆ ◆

05.现在物理学研究领域最具活力和发展前景的内容有哪些？

这个问题就好像问一大群淘金者：真正的大金矿在哪里？看起来似乎每一个人都知道，其实每一个人都不知道。

不过我们仍然可以给你一个建议：跟着自己的兴趣走，follow your heart！

◆ ◆ ◆

06.基础物理在最近百年几乎没有根本性的突破和飞跃，现在的条件好得多了，但是科学家仍旧在验证以往的成果（比如引力波）。物理学就是在等待天才吗？

基础物理近百年的突破挺多的，包括量子场论、QED、非阿贝尔规范场论、QCD、标准模型、弦理论、超对称、超弦、暴涨理论、朗道相变理论、朗道费米液体理论、超导 BCS 理论、超流、拓扑绝缘体、量子霍尔效应……不过都超纲了（物理君露出了微笑）。

◆ ◆ ◆

07. 上大学学习物理能干什么？以后有什么用？

这是一个非常有价值的问题！大学物理系的第一批专业课叫普通物理，包括力学、热学、电磁学、光学、原子物理学五门课。在这个阶段，你会学到大量的物理现象，以及根据这些现象总结归纳出来的大量公式。这个阶段的物理是以现象为主的，或者是"唯象的"。这种从实验现象不断抽象出物理公式的训练过程，是最能培养物理图像的。

接下来，你会上升到一个更高的等级，开始学习四大力学，包括理论力学、电动力学、量子力学和热力学统计力学四门课。与基于现象归纳的唯象理论不同，你在这一阶段学习的物理是基于数学演绎的形式理论。也就是说，这时候的理论是从几个基本假设或者基本公式出发（比如麦克斯韦方程组），用数学推导得到以前学习过的所有的实验现象。以前的理论是基于实验的，现在实验是基于理论的。从归纳到演绎的升华过程中，理论变得更加严格的同时，也获得了预言实验的能力。到这个阶段，你一定会发现以前学过的数学（微积分线性代数概率统计）根本不够用了，所以你会学习一门数学物理方法。（一些数理要求高的学校会把这门课分成复变函数论和微分方程两门课。）

四大力学学完再往上走，你会发现数学又不够用了。不过这时候路就不止一条了，根据你选的方向，粒子物理啊，凝聚态物理啊，天体物理宇宙学啊，遇到了问题再学需要的数学就是了，比如李群、微分几何、代数拓扑，等等。

最后一个问题：学物理能干什么？大学物理系的教育初衷是为研究系统输送后备人才。但学物理能做的事比研究多多了。物理专业在大学各个专业中学习难度一级高，物理系四年近乎苛刻的数理训练才是你得到的最宝贵的东西。这能让你在绝大多数工作中迅速上手，并且游刃有余。

◆ ◆ ◆

08. 电动力学讲了什么？

电动力学是电磁学的高级课程。如果电磁学只是一堆实验的堆砌，那么电动力学就是数学成分更多的形式理论。它会从几个简单的方程出发，用数学推导出电磁学中的所有实验现象，顺便把相对论协变形式也讲了。

一个很好玩的问题是，为什么电磁学的高级课程叫电动力学而不是高等电磁学？因为电动力学会教你，电动起来就是磁了！哈哈！

◆ ◆ ◆

09. 作为物理学家，你如何看待化学和物理的关系？我是学化学的，我发现身边不少学物理的人觉得化学是物理的一个分支，他们认为学物理的人必然了解化学，但是学化学的人却无法理解物理。我觉得化学和物理息息相关，但是对于问题的着手点和研究方向大为不同，在现实中的应用也大为不同，物理和化学不是父子，而是兄弟。你怎么看？

哇，一个物理学家要回答物理和化学谁更重要。要我说当然是物理了。（隔壁的数学家们是不是要表示一下情绪稳定？）

看到你的问题，我默默地翻开了自己这些年看过和想看的化学书。回想兄弟当年在英国的时候，听说学校的有机化学课很有名，特意去旁听有机化学导论，结果很痛苦……就我个人的失败经历来说，"学物理的必定会化学，学化学的无法理解物理"是不成立的。

从学术传承上讲，我的祖师爷是个有名的物理化学家，他的物理功底许多知名的物理学家也未必比得上。

科学追求世界的本原问题，这种追求来源于人的好奇心和探索精神。幸运的是，我们发现自然规律都建立在质能守恒、动量守恒、熵增原理、电荷守恒、电磁理论、力场理论、薛定谔方程、海森堡测不准原理、泡利不相容原理、对称定律等基础原则上。这些原则构成了我们认识世界运行的基础。在这些基础上，物理学家更关注物质内在的性质和物质为什么有这些性质。而化学家更关注物质的转化和如何转化。热力学和量子力学是现代化学必教内容，但就像"条条大路通罗马"并不能解释"人们为什么总走这条路"或者"人们为什么不走向米兰"一样，物理不能代替化学，反之亦然。作为一个热爱科学的化学家，这位读者没必要纠结谁是谁的父亲这样的问题（说起来化学的历史可是悠久得多）。这并不能帮助你收获更多。畅游在科学的海洋里，偶尔获得前人没有发现的知识，利用新知推动社会的发展，这难道还不够让人高兴吗？

◆ ◆ ◆

⑩. 完备的物理理论体系在数学上是严格的吗？

物理君不知如何回答，因为不知道"完备"是什么意思。也许"物理理论体系在数学上是严格的吗"是个恰当的话题。

从物理学的本质来说，它包含太多数学不拥有的因素，比如观察、测量、原理假设、模型构造甚至幻想，因此它天然地很难具有数学意义上的严格性。好的物理理论当然追求数学上的严格性，但能做到什么程度则各有不同。

具有较高数学严格性的物理理论样本包括基于麦克斯韦方程组的电磁学和热力学。从麦克斯韦方程组到电磁场波动方程再到规范场论，数学上是相当严格的；而热力学，从卡诺的纯粹定性思维发展到卡拉泰奥多里的公理化描述，算是具有了相当严格的数学形式。熵的引入具有数学严格性，热力学第二定律的卡拉泰奥多里表述也是很数学化的：对于具有任意多的力学量的热力学体系，Pfaffian form $TdS+Y_idX_i$ 一定是全微分。

大部分物理理论只是部分具有某些数学严格性。典型的例子就是广义相对论。爱因斯坦得到引力方程的过程就谈不上数学严格性，从弱场近似写出张量形式的场方程以及宇宙常数的增删相当率性随意，我们称之为构造而非推导。从引力场方程出发得到 Schwarzschild 解和 Kerr 解是具有数学严格性的。而爱因斯坦自己从引力场方程得到所谓的引力波方程，以及后来人们以 Schwarzschild 解引出的黑洞概念为基础，计算黑洞融合激发的引力波在光电倍增管上会产生怎样的振荡信号，这就实在谈不上什么数学严格性了。

◆ ◆ ◆

11. 学习相对论要有什么知识储备？

狭义相对论不需要什么基础，学过中学物理就能自学了（并不指望你精通）。学习广义相对论要先学微分几何。

◆ ◆ ◆

12. 国外有哪些优秀的科普网站？

这里推荐通俗性和科普性比较强的三个网站（相较科技新闻类的网站，这三个网站整体水平都很高，尤其是 Nautil）：

（1）Nautil：http://nautil.us/ ；

（2）ScienceAlert：http://www.sciencealert.com/ ；

（3）IFLscience：http://www.iflscience.com/。

还有一些偏新闻类的网站，以前沿科学或科技进展为主要内容（其实这一类的实在太多了）：

（1）《科学美国人》杂志官网：http://www.scientificamerican.com/ ；

（2）Science X 的物理学频道：http://phys.org/ ；

（3）EurekAlert：http://www.eurekalert.org/。

再学术一点的就是期刊类网站了。

最后扔一个帖子，大家可以去看看外国人自己推荐的最受欢迎的 Top15 科普网站：http://www.ebizmba.com/articles/science-websites。

◆ ◆ ◆

13. 科技在不断地迅速发展，怎样才能让科技大众化，而不是专门化？

本来就不应该让科技大众化，强行把科技大众化是反智的，只会带来大量的谬误和曲解。科技就是科技，科技就应该专业化。我们的科普也是专业化的，科普的目的不是让科技变得大众化，而是尽量让大众一起专业化一些。

◆ ◆ ◆

14. 物理学家们平时都在干什么呢？泡实验室？疯狂计算？还是 45° 仰望天空呢？

做实验，写代码，推公式，买仪器，搭仪器，申报仪器，报账，上课，讨论，辅导学生，参加组会，参加学术会议，组织学术会议，访问交流，申基金，搜文章，看文章，写文章，投文章，审文章……

◆ ◆ ◆

15. 量子力学该怎么学？

方法不唯一。我们一般推荐从矩阵力学入手，先理解量子力学的整体理论框架，然后再去解连续的薛定谔波动方程。把量子力学学成偏微分方程练习就错了，把量子力学学成线性代数练习就对了。第一遍学遇到物理上无法理解违反直觉的东西，应该先接受，以能算出东西为主。学完一遍之后再去思考它那些违反直觉的物理意义。

◆ ◆ ◆

16. 在应试环境中，想当科学家的孩子该如何更好更早地培养自己的科学素质，而不变成"民科"，也不影响学业？

还是那句话，脚踏实地。一步一步地来，先自己弄完大纲内的中学理科课程，大纲内的中学理科课程做到没有挑战性的时候可以看竞赛课程和通选类的大学课本（比如高等数学、大学物理），网上的大学低年级公开课视频是可以借鉴的。一些优秀的科普书是很有帮助的，课余时间值得一看。至于哪些科普书是优秀的，如果自己没有甄别能力，尽量选作者头衔是科学家的。这样虽然会错过不少优秀的书籍，但至少不会被带歪。（"第一推动丛书"整体都还不错，可惜难度不一。）

不成为"民科"很简单，那就是多看数学，多思考枯燥的公式，学会欣赏公式背后的逻辑和结构的美。不要空谈或者凭自己的想象随意使用"高大上"的概念，不要成为名词党。

17. 如何高端地用物理撩妹 / 撩汉？

等你真的把物理学进去，开始欣赏里头的一些思想时，你就会发现：这些感受很难说出来，很难与人分享，很少能与人共鸣。这东西就跟做梦一样，绝大多数时候只能一个人体会。所以，物理可能是一个会让人稍微孤独一点点的学科。不过适当的孤独不见得是坏事。

当然，如果你不甘心，一定要用物理来强行撩妹 / 撩汉，相信我，你会变得更孤独。

思考题：物理君是怎么知道的？

◆ ◆ ◆

18. 为什么很多物理理论都违背我们的直觉？如果物理学描述的是我们生活的世界，那应该符合我们直觉才对啊。

爱因斯坦说过："常识就是人在十八岁之前累积的偏见。"

任何知识学到深处你都会发现，日常生活中能够接触到的那点东西狭隘、渺小得可怜，像井底的天空——的确，任何知识，不管是物理定律、文学、绘画，还是音乐。它们都诞生于人类对日常生活的思考和总结。但最终，相对论不在意低速运动的生活常识了，马尔克斯不再坚持刻板的真实描写了，毕加索开始在扭曲和疯狂中探索了，日常生活被超越了。如若不然便没有意义。这些东西是把你带出井底的工具。

所以，正确的方式只能是不断地用知识来更新以前的常识，而不是相反。认为知识应该符合常识实在是一种既偷懒又自以为是的危险想法。

◆ ◆ ◆

19. 如何认识数理化的相互联系和地位？

数学、物理、化学都是自然科学的基础学科。但从特点上说，数学是一种先验的哲学，是一种"可证明的形而上学"。所以从某种程度上说，它并不是自然科学。数学的命题一旦证明就绝无推翻的可能。物理学是自然科学的重要基础。物理的理论需要依托对现象的解释，不能完全脱离"人的经验"。正确的物理理论不存在证明了与否，只关注与现象的符合程度。而化学从某种程度上来说，是层展现象引发的"唯象物理"。所谓层展现象就是随着基本粒子聚集层次的增加会出现很多难以理解的新现象。但是，化学绝不是应用物理学或应用多体物理学，而是在化学本身的层次上研究其自身的规律，在这个层次的研究中需要的创造力不亚于前一个。比如，计算机的发展让我们能够模拟很多复杂的化学过程，但是计算机能做的依然有限，一些问题不是单纯依靠计算能力的提升就可以解决的。如果我们能从原子、分子的尺度建立足够有说服力的唯象理论，并结合实验去研究该结构层次的现象，又相对不那么费力，何乐而不为呢？

物理君总结了下面三点事实：

（1）研究物理和化学都离不开学数学。

（2）数学家的现代生活离不开古往今来所有数学家、物理学家和化学家的研究成果。

（3）优秀的数学家、物理学家和化学家一般都没有时间去嘲弄其他两个领域的优秀成果。

◆ ◆ ◆

20. 专门从事物理学史的研究对物理学的发展来说是否多此一举？

兄弟，托马斯·塞缪尔·库恩（Thomas Samuel Kuhn）第一个表示不服。详情请看他写的《科学革命的结构》（*The Structure of Scientific Revolution*）。

21. 为什么我考试成绩不错，却还是觉得没有学好物理专业课，甚至觉得课本里的知识很奇怪？物理系学生该怎样加深自己对课本的理解？"读书百遍，其义自见"对学习物理适用吗？

能够意识到这一点是很好的。举个例子，在物理学里，四大力学代表的是四种世界观。本科阶段能熟练掌握一门也不见得容易。考试成绩只考虑有限课时情况下的合理要求，考试成绩不错，并不代表四大力学你真的掌握了。有困惑很正常，而且能够发现一些"很奇怪"的地方说明你学得不错。有一些困惑涉及的东西相当深，没有办法放到本科的教学计划中去，所以建议是不要在这里"死抠"，带着问题继续往前走，等学到更高的层次后再倒回来看，你会有新的体会。常看常新。

◆ ◆ ◆

22. 怎样透彻地学习大学物理？

个人之见，关键在于两个能力：物理图像和数学水平。前者要靠大量计算、广泛阅读和很多下意识的思考。后者要靠大量的计算、做题，以及对数字的敏感和熟练。另外，物理系课程之间的联系千丝万缕，不要把任何一门课当成一门孤立的课来学习。要花大量时间来融会贯通。总之前面这些就三个字：堆时间。

最后就是心态要好，上面这些都能做到的凤毛麟角，做不到也不必气馁。

◆ ◆ ◆

23. 我们现在已知的定理或者观念会不会是错的呢？很多很多年以后，无论人类文明以什么形式存在，科学探究会有穷尽的那天吗？

历史上被物理学界公认的理论几乎没有后来被证明是错误的。这是因为，要证明一个公认的理论是错误的，你必须同时推翻无数个支撑这个理论的实验事实。这根本不可能办到。很多同学经常用牛顿力学举例，但牛顿力学其实并没有错，它只是不够精确罢了。相对论和量子力学也没有推翻牛顿力学，它们只是给牛顿力学划定了一个适用范围，而当具体的物理现象落入旧理论的适用范围时，新理论必须无条件地重复旧理论的预言。所以只要物理理论仍然建立在实验的基础之上，那么现在的理论在未来也不会被完全推翻。

至于第二个问题，物理学家们已经不止一次觉得自己穷尽自然的一切奥秘了，然后就是被自然飞快地打脸教做人……

◆ ◆ ◆

24. **光速究竟为何方神圣，为啥又是速度上限，平方以后乘以质量还能得到能量，就连新发现的引力波也是光速传播，这些都是巧合，还是有什么更深刻的原因？**

光并没什么特殊的啊。光子也只是一个没有质量的平凡粒子而已。与其说光速特殊，不如说无质量粒子的速度特殊。宇宙有个极限速度，这个速度就是无质量粒子运动的速度，所有有质量的粒子的速度必须小于它。所以，这里并没有什么巧合，引力波光速传播，只不过是因为我们认为引力子也没有质量。

◆ ◆ ◆

25. **力有传播速度吗？**

有的，机械力的速度就是材料中声音的传播速度，比如声音在钢中的传播速度是五六千米每秒。如果是真空中传播的力比如电磁力和引力，那么其传播速度为光速。

26. 磁场与电场本质上到底有什么联系？

在相对论的高度上讲，磁场和电场就是同一个东西，或者说得严格一些，是同一个物理量（电磁场张量）的不同分量。这意味着磁场和电场在不同的参考系下是可以相互转化的。事实正是如此，在以不同速度运动的惯性参考系中，你看到的磁场和电场可以不一样，但它们总的电磁场张量一定一样。而麦克斯韦方程组反映的其实是保证这种转化不出现bug（比如能量不守恒啊，动量不守恒啊）的几何结构。

继续深入下去，我们可以用纯几何的语言重写电磁学，电磁场可以定义成一个被称为纤维丛的几何结构，磁场和电场反映了这个几何结构的曲率。

◆ ◆ ◆

27. 电磁转换中有左手定则和右手定则，大自然为什么要选定这样的方向？如果有个宇宙这两个判定方向是和我们颠倒过来，违背什么更基础的物理定律了吗？

这个问题说着说着就要扯到宇称了。

左手定则和右手定则其实最开始是人为选择的。换句话说，如果你把所有的左手定则全部换成右手定则，同时把所有的右手定则换成左手定则，你会发现，除了看不见摸不着的磁场方向转了个180°以外，任何可以直接观察的物理现象都不会变。

举个例子：电子在磁场中做洛伦兹运动，磁场转了180°，看起来电子的洛伦兹力的方向也要变化180°，于是电子的运动轨迹也要变。但其实这里我们把判断洛伦兹力方向的左手定则换成了右手定则，又多了个180°，所以电子的运动没有受到任何影响。

在电磁学理论的范畴，物理学是没有能力判断左右的，左手和右手完全等价。习惯用的左手定则和右手定则也只是习惯而已，可以互换（但注意一定要一起换）。这就叫作宇称守恒。

　　前面特地强调了电磁学范畴，因为后来杨振宁和李政道先生在理论上证明了弱相互作用宇称不守恒，可以区分左右。这一点随后被吴健雄女士通过实验证实。

28. 为什么不同的色光在同种介质中绝对折射率不同？在微观上波长如何影响折射？

光是电磁波，入射到介质中会改变原子中电子的运动状态，材料中被扰动的电荷将发射同一个频率但相位有延迟的电磁波，出来的光将是这些电磁波的总和，频率一样但光速变慢了，即折射率变大了。

不同频率的光对电子的影响不同，所以折射率与入射频率有关。在介质中，光的波长实际上变短了，但回到空气中还会恢复原来的值。频率是电磁波的本质而非波长，但通常在空气中这两个词可互换。折射率是介质的固有性质，和它的成分、结构有关，每一种介质对不同颜色的光有不同的反应，所以我们说折射率是频率（波长）的函数，即与波长有关，但不能说微观上波长影响了折射。另外，在有特定结构的介质中如某些晶体，折射率可能与电磁波的偏振方向有关。

还有，如果入射光特别强，对原子产生激烈的扰动，那么有可能发生其他一些变化，比如产生不同颜色的光，介质发热和结构变化使得折射率改变，甚至介质被破坏。这些属于非线性光学现象，有兴趣的朋友可以以后再学！

◆ ◆ ◆

29. 摩擦力的示意图是画接触面上还是画中心处？如果画接触面和二力平衡的条件又不相符，如果画中心处和力的作用点也不符，怎么解决？

应该画在接触面上。在这里，摩擦力和拉力就是无法平衡的。在摩擦力的作用下，木块有旋转的倾向。（这也是刹车时汽车车头总是会往下铲的原因。）当然，它没有真的旋转起来是因为地面挡着它呢，具体体现在前半部的地面支持力会大于后半部的地面支持力，给出一个反向力矩抵消旋转。

30. 温度升高，氢氧化钙在水中的溶解度降低，而不是像大多数物质那样增大，这是为什么？

这个问题要分两步解答。

我们先说说为什么大多数物质溶于水会放热。物质溶于水时有两个过程，先是物质内部的化学键或分子间力被拉开，这一步要吸收热量。然后是被拉开的物质离子或分子与水或水离子重新结合，这一步要放出热量。大多数溶于水的物质，第二步与水结合时释放的能量要大于第一步拆散该物质原有结构吸收的能量。所以最终结果是系统总的化学能变低，因此溶解过程可以自发发生。系统放热，温度升高。

但有一小部分像氢氧化钙这样的物质，它们与水结合释放的能量要小于拆散原有结构吸收的能量。但它们的溶解过程居然也能自发发生，即使温度会降低。这是为什么呢？

原因是，氢氧化钙溶液的状态比固态的氢氧化钙加上纯水的状态要杂乱得多。换句话说，氢氧化钙溶液的熵高得多。因此，虽然氢氧化钙溶于水这个过程总的化学能是升高的，但由于熵增，总的自由能还是减少的，这使得这个过程能自发发生。这是一个熵驱动的自发过程。

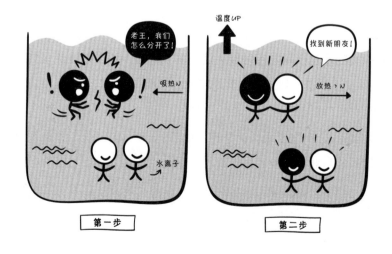

31. "场"到底是什么？"力"到底是什么？能否详细说说它们的本质？

物理不是哲学。场也好，力也好，没有所谓的"本质"的结构。它的结构是人类按照描述自然的需求自己定义的。

比如场，最早就是把一个空间中的每一点都映射到一个数或者一个矢量、张量的连续映射，后来引入了量子化，场在空间的每个点成了一个算符。再比如力，最早作为一种"导致物体运动变化"的作用引入。后来随着理论的发展，力变得越来越不好用，于是干脆打入冷宫不要了。

我们定义一种数学结构，如果它可以很好地描述实验现象，那便是好的。如果不能，那就打入冷宫，换个别的定义。所以，物理不是哲学。严格地说，物理学家不关心什么叫所谓的"本质"。物理学家关心的是通过这个实验看到了什么，这个实验怎么解释，这个解释能不能正确预测接下来的观测结果。一切以可观测对象为中心，不依赖于观测讨论"本质"或许只是"empty talk"（空谈）。

◆ ◆ ◆

32. 为什么同一种元素的不同离子在水溶液中颜色不一样？

离子之所以显现色彩，是因为它们允许特定能量的电子跃迁、吸收特定频率的光，且该频率恰好处在可见光范围内。

裸离子在溶液中容易与 H_2O 及其他分子或离子形成配合离子。以 Fe^{2+} 和 Fe^{3+} 的水合离子为例，这里有 3 个蝴蝶状轨道（d_{xy}，d_{xz}，d_{yz}），1 个花生状轨道（d_{z^2}），1 个饼状轨道（$d_{x^2-y^2}$），6 个水分子以八面体形式包围了中心的铁离子，这样会带来怎样的结果呢？

3 个蝴蝶状轨道所处的几何环境相同，其电荷分布密集区巧妙地避开了周围的 H_2O 分子，相安无事地插在了间隙位置，从而具有较低的能量。花生状轨道的两头、饼状轨道的外围却与 H_2O 分子头碰头，相互排斥，从而具有较高的能量。最终，5 个 d 轨道发生能级分裂，成为高低两组，能量差恰好处在可见光范围内，电子在两组 d 轨道间跃迁产生颜色。

同种元素的不同离子，电荷越高则分裂能越大，产生的颜色会有所不同。Fe^{2+} 对应的分裂能较小，吸收的光子能量相对较低，处在红光区，故显现与其互补的浅绿色。Fe^{3+} 对应的分裂能稍大，吸收的光子能量相对较高，处在橙黄光区，故显现与其互补的浅紫色。

另外，溶液中的其他离子也可替换部分 H_2O 分子与中心离子配合，且影响分裂能的大小，引起颜色变化。比如在溶液 pH > 1 时，$[Fe(H_2O)_6]^{3+}$ 的 2 个 H_2O 被 OH^- 替换，并发生二聚化，颜色从浅紫色变为黄棕色、红棕色。而在 $FeCl_3$ 溶液中，4 个水分子被 Cl^- 离子替换，形成 $FeCl_4(H_2O)^{2-}$，显现黄色。

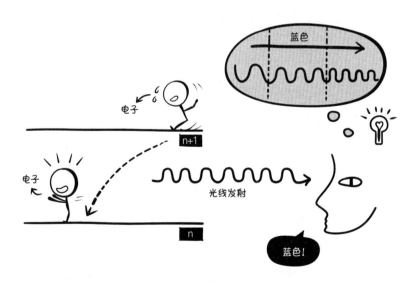

33. 显微镜拍的原子图片就是一个小球，真的原子就是这样的吗？

不是这样的，你之所以看到一个个小球只是因为我们显微镜的分辨极限只能到这个程度了。举个例子，如果你给很远的人拍照，那么照片放大后，你会发现这个人的脸变成了一个个马赛克方块，这当然不是因为那个人的脸真的是方块。

◆ ◆ ◆

34. 为什么万有引力定律和库仑定律中力和距离是平方反比关系？这暗示了什么吗？

两者的原理差不多，就以库仑定律为例解释一下吧。因为在三维空间中球的表面积与半径的平方成正比，所以只有让电场强度（你可以直观地理解为电场线分布的密度）随电荷的距离成平方反比关系，才能够保证以电荷为中心的任意大的球上的电场线"根数"都是相同的，否则就会有电荷以外的地方"放出"或者"吸收"电场线了。换句话说，平方反比关系保证了电荷是电场唯一的"源"。从另一个角度理解，是我们生活在三维空间中才使得库仑定律中力和距离有了平方反比的关系。万有引力定律与之类似。

当然这只是经典的理解。据说在量子电动力学中，平方反比律与光子静止质量为零相关。然而在广义相对论中，如果时空弯曲得厉害，那么万有引力定律和库仑定律的平方反比律都不一定严格成立了。因此，有些物理学家正在研究距离很小或者很大时万有引力定律是否需要修正。

◆ ◆ ◆

35. 半径为 R 的带电金属球，其周围电场的能量与 R 的 4 次方成反比。那么当 R 趋于 0 时，能量趋于无穷大，这怎么解释？

这个问题也是困扰了物理学家多年的问题。

当时的问题是这样的：这个带电小球变成了质子、电子，按照点粒子的思想，电子被视为一个点，周围电场的能量是无穷大的。这样的答案显然是错误的，于是，物理学家想到了两种方法：重整化和弦理论。从使用上来说，重整化比弦理论简单很多，物理学家最开始使用的是重整化的方法。重整化的方法的显著缺陷是：这是一种妥协的方法——它认为质子由夸克构成，那么显然质子有了大小，不存在这个问题，但是这个问题没有被解决，而是推给了夸克。当然，现在这个问题已经留给了弦理论，所以也就不存在半径趋于 0 的带电小球了。

该答案源于大栗博司所著《超弦理论——探寻时间、空间和宇宙的本源》。

◆ ◆ ◆

36. 为什么真空中光速大于其他介质中的光速？

我们知道，光就是电磁波，电磁波会对电荷产生作用。介质中存在带电的电子和原子核，光通过介质时会对这些粒子产生作用。我们又知道，带电粒子在往复运动的过程中会发射电磁波，和原始光场相互叠加，在最终的表观效果上显现出变慢的光速。注意，无论是原始光场还是诱导的光场，其传播的速度都是真空中的光速，光速变慢是一种表观等效。

◆ ◆ ◆

37. 动摩擦系数为什么不能大于 1？

这个可能是种误导：中学物理课给出的动摩擦系数都小于 1，其他很多例子里提到的动摩擦系数也都小于 1。但现实中存在动摩擦因数大于 1 的材料。

实验测得金属与橡皮之间的动摩擦因数介于 1 和 4 之间，铟之间的动摩擦因数介于 1.5 和 2 之间，金属经过一定的处理（加压、加热、去除表面污物）后，动摩擦因数可能介于 5 和 6 之间。

多数学者认为，摩擦力是由两物体接触面间分子间的内聚力引起的。只有突起的地方才会接触，一般情况下，微观接触面积小于宏观接触面积。同时，增大压力会增大微观接触面积，由此得出的结论就是，摩擦力正比于正压力。

◆ ◆ ◆

38. 为什么最大静摩擦力比滑动摩擦力要大？

现在，人们一般认为达·芬奇是第一个提出摩擦基本概念的人。在他的启发下，几位科学家进行试验并建立了摩擦定律。摩擦定律共有四条，定律三的表述为：静摩擦系数大于动摩擦系数。

几个世纪以来，我们都在遵循这一定律。然而，摩擦过程仍旧隐藏在一团迷雾之后。就以小物块处于斜面上为例，按正压力与动摩擦因数的乘积计算摩擦力，斜面慢慢增大倾角，在这一过程中，倾角超过某一角度时，物块应当匀加速向下滑动。实际实验中，这个倾角并不是一个确定的值，而下滑过程也不是匀加速。原因是斜面粗糙程度不一致。目前实验发现：在两种固体界面非常干净的时候，最大静摩擦系数严格等于动摩擦系数。

另外，动摩擦因数和其他量也有一些关系。动摩擦因数和速度是相关的，当速度增大时，动摩擦因数先轻微增大，而后减小。我们猜测这种减小可能是由界面的微小振动造成的。当正压力很大时，界面形变明显改变物体受力情况，因而动摩擦系数会改变。

◆ ◆ ◆

39. 牛顿第一定律可以看作第二定律的特例吗？

来看一下牛顿第一定律的表述：任何物体都要保持匀速直线运动或静止状态，直到外力迫使它改变运动状态为止。仔细思考的话，这条定律的意义在于给出了惯性系的概念，这也是牛顿第二定律、牛顿第三定律所建立的力学体系的基础。因此，牛顿第一定律是不可缺少的。如果单单将牛顿第一定律理解为 $F=ma$ 的特例的话，应该说，虽然不是错，但是不完整，对于理解整个牛顿力学体系有一定误区。

◆ ◆ ◆

40. 为什么光电效应中一个电子只吸收一个光子？

如果你只学过基本的光电效应原理，那么恭喜你，你已经很接近发现新现象了。

事实是，光电效应中一个电子未必只吸收一个光子。实验发现，就算单个光子的能量不足以达到电子逸出功，当光强足够大时，依然会有逃逸的光电子。原因是电子吸收光子是有一定的概率的，当光强很弱（相当于光子的密度很低）时，对某个电子而言，就这么点光子，能吸收一个就已经很不错了，几乎不存在吸收多个光子的可能。因此，这时观察到的光电子就是只吸收了一个光子的电子。这就是我们学的光电效应，这是低光强下的现象，与频率有关，与光强无关。当光强变大（相当于光密度增大）时，单个电子吸收光子的概率也会增大，甚至吸收多个光子也成为可能，此时就算单个光子能量不够电子逃逸，多个光子也有可能被一个电子吸收从而逃逸，让我们观察到光电子。激光（激光的光强一般很大）照射引起的多光子吸收已经有了很多实际的用途，比如已经成功用来分离同位素硫，光化学、光谱学领域也有其应用。

◆ ◆ ◆

41. 请问光电效应中光子打出来的电子可以是金属的内层电子吗？

可以，虽然概率比最外层电子小。不过打出内层电子的光子不是可见光，是紫外线乃至 X 射线。

42.温度的本质是什么？人触摸物体时如何感受到物体的温度？

要想理解温度的概念，应该先抛掉我们在日常生活中由对冷暖的感知而获得的对温度的理解。

从纯粹的物理角度来说，温度是一个统计意义上的概念，它是一个系统中全部分子的平均动能（平均动能和温度之间只差一个常系数）。温度越高（平均动能越大），系统内部就越"热闹"。

既然温度是系统的"平均动能"，那么这个系统不管是一个分子还是 10^{23} 个分子，是微波背景（空间中弥漫的电磁波）还是黑洞，只要其成分具有动能，我们都可以定义出它的"温度"。只不过对于成分较少的系统（比如只有几个分子的系统），定义温度的概念没有太大意义。只有当我们需要在统计意义上研究系统时，温度的概念才有必要。

从这个角度理解热力学第三定律的"绝对零度不可达到"，直白地说就是，在物理现实中一个系统的平均动能不可能等于零。

上面这些是从微观角度来考虑的，我们在日常应用中不可能把所有分子的动能都加起来然后平均一下来算一杯水的温度。那怎么办呢？就像量一张桌子需要一把尺子一样，我们也需要一把测温的"尺子"。以我们熟知的摄氏温标为例，这把温度标尺的定义是：在标准大气压下，把

（比如）水银柱放在水中，规定水的冰点（严格说，应该是纯水的三相点）时水银柱的高度为 0 摄氏度，沸点时的高度为 100 摄氏度，将两者之差等分 100 份，每等份为 1 摄氏度。其他测温"尺子"（包括华氏温标、热力学温标）的定义都与之类似。建立任何一种温度的"尺子"，都需要三个要素：测温物质（水银）、测温属性（水银的膨胀）、固定标准点（水的冰点和沸点）。

考虑我们对温度的感觉时，情况就变得比较复杂了，因为"冷""暖"只是我们的感觉经验。而我们的感觉经验受很多因素的影响，比如皮肤表层的神经细胞、密度、温差、持续时间、空气湿度、风速等。我们在此不讨论前几种因素，详细内容请查看心理学的相关知识，这里只说后两种。

风速会影响人体皮肤接触的空气量。当风速增加时，人体接触的空气会增加，空气带走或带来的热量也相应地增加，"风寒指数"由此而来。当风速达到 20 米 / 秒时，空气温度为 4 摄氏度，但我们的感觉却是 -0.3 摄氏度。所以，夏季的微风更凉爽（不过，你要确保空气温度低于你的体温，否则会相反）。

而另一方面，人体通过排汗来降温，汗液蒸发带走人体热量。但是当空气的湿度较高时，水分的蒸发率就会降低。这意味着散热变慢，相对处于干燥空气中的情况，人体内保留了更多的热量。人们从这种现象中总结出了"酷热指数"。

综合风速和空气湿度给人对温度的感觉带来的影响，风寒指数和酷热指数可以合成为一个词：体感温度。

从上面的回答可以看出，物理中的温度和生活体验中的温度差别还是很大的。所以我们似乎可以得出一个结论：学习物理要忘掉日常经验。

43. 光的反射的本质是什么？

光在真空中是沿直线传播的，如果光发生了反射，一定是因为光的传播路径上出现了介质。介质中的电荷在光（电磁波）的作用下会产生额外的场，介质产生的场会与入射的光场相互叠加形成新的场，新的场沿着反射光方向传播的部分就是反射光。我们可以看出，反射光是介质在入射光的作用下产生附加的场。

我们用上面提到的思路对金属的反光进行分析：金属可以屏蔽静电场和波长较长的电磁波，原因就在于，金属在光的作用下会产生附加场，在金属内部，附加场和外加电磁场刚好完全抵消。我们注意到，金属产生的附加场关于金属表面是镜面对称的（因为金属内部没有电荷，电荷都集中在金属表面），这就使得附加场在金属内部抵消外场，在外部沿着入射光关于法线对称的方向传播，这就是反射光。由此可以看出，我们得到的反射光是满足反射定律的。

◆ ◆ ◆

44. 为什么不同频率的机械波在同一介质中传播速度一样，而不同频率的光在同一介质中传播速度就不一样？光不是具有波的性质吗？机械波没有折射率吗？

事实上，不同频率的机械波在同一均匀介质中的速度也是不同的，只是速度差异非常之小，以至于这个差异一般可以忽略不计。介质中机械波波动方程解出的波速是严格一致的，那么这种速度差异从何而来？这是由于介质中机械波的波动方程假设介质是理想的均匀介质，并且忽略了非线性效应。

在实际情况下，这样的假设只是近似地成立。在大多数情况下，介质中的机械波波长是远远大于介质中原子间距的，因此可以认为介质是均匀的。当机械波的频率足够高时（大约为 GHz 到 THz 级，这样的频率机械波一般是达不到的），匀质假设就不再成立，而这时的波速也与低频时的波速有较大的差异（一般是更小了）。线性介质的假设则是在机械波的振幅不大的情况下才成立，在小振幅时非线性效应还不是十分明显，所以可以忽略。而当机械波的振幅足够大的时候，非线性效应就不可忽略了。爆炸产生的冲击波就是这样的一个例子，核武器在空气中爆炸产生的冲击波波速可以远远大于空气中的声速。

◆ ◆ ◆

45. 四氧化三铁是如何产生磁性的？

我们需要先了解一下 Fe_3O_4 的晶体结构。尖晶石结构对应 AB_2O_4 型离子晶体。其中 A 为二价金属离子，B 为三价金属离子。O^{2-} 离子为立方最密堆积，二价阳离子 A 填充 8 个四面体间隙，三价阳离子 B 填充 16 个八面体间隙。晶体中原子比为 8：16：32（A：B：O）。Fe_3O_4 [$Fe(FeO_2)_2$] 的反尖晶石结构与尖晶石结构的区别在于，Fe^{2+} 占据了一半的八面体间隙，而 Fe^{3+} 占据了剩下的一半八面体间隙和全部四面体间隙。

过渡金属氧化物的磁性主要由过渡金属离子 3d 电子（Fe：$3d^6 4s^2$）提供，但是金属离子被较大的氧离子隔开，间距较大，因此两个相邻的磁性离子之间电子云几乎没有重叠部分，故不能产生直接的交换作用（电子间库伦作用的量子效应），但相邻的过渡金属磁性离子与中间的氧离子可以发生直接的交换作用，从而使电子非局域化，实现间接交换作用，也就是超交换作用。超交换倾向于使自旋反平行，因此 Fe^{3+}、Fe^{2+} 与氧离子形成的 Fe-O-Fe 均为反铁磁性的，而 Fe^{2+}-O-Fe^{3+} 中，A、B 位上的反向磁矩并不能抵消，于是表现出了亚铁磁性。此外，阳离子 – 氧离子 – 阳离子形成的夹角越接近 180°，间接交换作用越大。这个时候我们需要考虑晶体结构。反尖晶石结构一共有五种间接交换情况，其中夹角最大的是 A-B（约 154°）。由于篇幅有限，这里就不展示了，有兴趣的同学可以自己画平面图计算一下。Fe^{2+}-O-Fe^{3+} 的类型为 A-B，因此四氧化三铁表现为亚铁磁。另外，氧和铁形成的不同晶体结构的化合物，其磁性的判断也需要同时考虑晶体结构和交换作用。

同时，我们常说 Fe_3O_4 可以看成 FeO 和 Fe_2O_3 的混合物（这是从组成上讲的，结构是另一回事）。那大家肯定很好奇，在室温下，后两者又有怎样的磁行为呢？FeO 表现为顺磁性，α-Fe_2O_3 为六角型结构，260 开以下表现为反铁磁，$260 \sim 950$ 开则表现为倾斜反铁磁／极弱铁磁；γ-Fe_2O_3 为缺陷萤石型结构（也有四面体和八面体 Fe 位），表现为亚铁磁。由此可见，磁性质不仅取决于未成对电子，同时也和结构（相互作用）息息相关。因此，有铁元素或者铁的物质不一定会被磁铁吸引。

这些材料被制成纳米颗粒时又会表现出各种不同的磁行为，那就更复杂了，大家有兴趣可以了解一下。

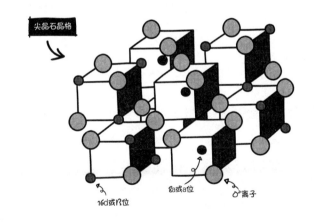

尖晶石晶格

16d或B位　8a或a位　O^{2-}离子

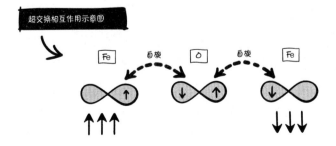

超交换相互作用示意图

Fe　自旋　O　自旋　Fe

46. 为什么气体向真空扩散不做功？

题主指的应该是理想气体吧？确实有这么个结论。有些问题呀，其实换个角度就很容易看清楚啦。物体不受任何外力（包括空气阻力、摩擦力、外部支持力等）时，总保持静止或匀速直线运动状态，动能不变吧？两个物体发生弹性碰撞，虽然各自速度改变，但是总动能不变吧？既然总能量都没变，当然就不做功喽。把这里的物体换成理想气体模型中的气体分子，不就有结论了吗？对于理想气体而言，我们无须考虑气体分子间的相互作用，分子间的碰撞也可视为弹性碰撞，因此，这团气体向真空扩散时当然是不做功的。

另外补充一点，若是把气体装在一端封口的注射器中，再放在真空中，那么气体推动活塞向外运动就是需要做功的啦，因为这里涉及气体分子对活塞的碰撞，并将一部分能量用于推动活塞运动，转化为活塞运动的动能和摩擦生热的内能，在外界非真空的情况下，还要抵抗外部气压做功。自由扩散和有容器的情况是不同的，应注意区分。

◆ ◆ ◆

47. 请问微观上热传递的实质是什么？

热传递主要存在三种形式：热传导、热辐射和热对流。

热传导是指介质无宏观运动时的热传递，在微观上是粒子碰撞或原子、分子等振动发生能量交换的结果。比如，在气体或液体中，分子运动相对自由，因此四处碰撞，动能发生转移；在固体中，主要是邻近原子通过键的作用将运动的能量传递过去；对于晶体，我们常将晶格的不同振动模式抽象为声子，通过声子的运动、产生和湮灭研究热的传递。

热辐射是一切高于绝对零度的物体都会具备的向外辐射电磁波的属性，也是真空中热传递的唯一方式。其微观上是由于分子、原子中的电子既可以吸收特定的能量向高能级状态跃迁，又有一定的概率辐射电磁波回到低能级。

热对流是流动介质对热量的传递过程，微观上是流体微团直接携带能量，在空间上转移位置，从而实现热的传递。这一过程通常涉及重力和浮力的作用，并且与材料密度随温度而改变的特点直接相关。

◆ ◆ ◆

48. 光速是绝对不变的吗？

这个问法有一些歧义。如果"光速是绝对不变的"是指光速在参考系变换下绝对不变，那么以目前的认知来看，是的。当然，这里说的都是真空中的光速。

相对论被提出以前，人们通过麦克斯韦方程组计算得到电磁波的速度常量（光速 c）。但它在哪个参考系为 c 呢？人们希望找到一个光速为这个计算值的参考系，称为"以太"。但迈克尔逊－莫雷实验的结果表明，不管沿哪个方向观测（地球运动方向与光速方向相同或不同），得到的光速值都相同，"以太"并不存在。这使得爱因斯坦将"真空光速不变"作为其狭义相对论的基础之一，20 世纪初的物理学革命由此展开。因此，在相对论体系中光速不变原理是基石，不能由别的更基础的原理证明，但其正确性已被很多实验证实。如果一定要问为什么光速 c 这么特殊，这里仅提供一个参考：光的静质量为零的属性本身就特殊，而相对论体系下零质量粒子运动速度只能为 c，因此 c 如此特殊。当然，这是在相对论体系内的自洽思考。

如果"光速绝对不变"是指光速为 30 万千米每秒这个数字的绝对值不变，那么这并不准确。光速的绝对值原则上是可以改变的。改变光速的绝对值并不影响狭义相对论的基本假设。后者说的是光速不依赖于参考系。而且，目前也有模糊的证据证明现在的真空光速可能的确与宇宙早期有些许不同（证据存在争议）。刘慈欣老师在科幻小说《三体Ⅲ：死神永生》中有关于降低真空光速到第三宇宙速度以下，形成"黑域"的设想，有兴趣的朋友不妨去看看。

◆ ◆ ◆

49. 声波的多普勒效应是怎么回事？光有没有多普勒效应呢？红光会不会在一定速度下变成紫光？

我们看一下声音是如何传播的。当介质中的分子被声源扰动而开始振动时，它就会带动周围的分子参与振动，接下来振动又会传递给更远的分子。这样，声音就一直传播下去。传播的速度和分子之间的相互作用有关。无论声源状态如何（声源速度不超过声速），声音的传播都是因为介质分子之间相互影响，影响的效果和介质本身的性质有关，所以声速不会改变。

至于光，无论光源动不动，光速都是不变的。光的传播是由于电场和磁场在空间上相互激发。电磁波的波速可以由麦克斯韦方程组求出。无论光源是否在运动，麦克斯韦方程组都是成立的。无论光抑或电磁波，光速都可以通过麦克斯韦方程组求出，光速也不会改变。

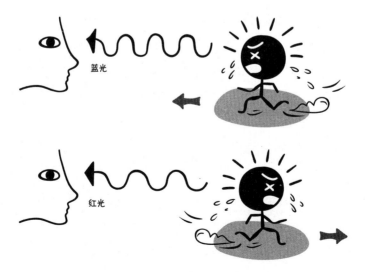

在静止参考系中，如果光源向远离观察者的方向运动，那么观察者接收到的光频率会变小，这种现象被称为红移；如果光源向着靠近观察者的方向运动，那么观察者接收到的光频率会变大，这种现象被称为蓝移。这是因为在光源的运动方向，波被压缩，波长变短。在波源运动的相反方向，效应相反。

1848 年，法国科学家阿曼德·依波利特·斐索（Armand Hippolyte Fizeau）用多普勒效应解释了恒星光谱的偏移，并指出可以用多普勒效应计算恒星的相对速度。不过，观测明显的多普勒效应需要光源达到很大的速度。比如，要让红光（波长 400 纳米）通过蓝移变成紫光（波长 760 纳米）需要波源速度达到光速的 0.56 倍，相当于每秒绕地球 4 圈。这是非常快的速度。

◆ ◆ ◆

50. 人们是怎样发现动量、角动量这两个比较抽象的物理量的？该如何理解角动量呢？

其实人们一开始没有想到动量这个概念，而是想到了动量守恒。这源于 16 世纪至 17 世纪西欧哲学家对宇宙运动的思考。

当时的哲学家发现，周围的物体——比如弹跳的皮球、飞行的子弹、运动的机器——最后都会停下来，于是自然而然地提出一个问题：天上的月亮会不会停下来呢？根据当时的天文观测，人们没有发现天体运动有丝毫减少的迹象，于是当时的哲学家认为，宇宙中运动的总量是不会减少的，只要找到一个适合的量描述，就可以看出宇宙的运动是守恒的。

法国的笛卡儿（就是发明直角坐标系的那位）最早提出：在碰撞过程中，质量和速率的乘积是不变的。但是后来克里斯蒂安·惠更斯（Christiaan Huygens）在研究碰撞问题的时候发现按照笛卡儿的定义，动量不一定守恒。最后，还是站在巨人肩膀上的牛顿修改了笛卡儿的理论，将质量和速率的乘积改成了质量与速度的乘积，这才真正意义上定义了动量。动量还被写进了《自然哲学和数学原理》(*Mathematical Principles of Nature Philosophy*)。然后，还是牛顿，在研究开普勒第二定律（太阳系中太阳和运动中的行星的连线在相等的时间内扫过相等的面积）的时候，隐约给出了角动量的定义，并且用平面几何的方法证明了在中心力下的面积定理（这个也写进了《自然哲学和数学原理》）。后来，莱昂哈德·欧拉（Leonhard Euler）在《力学》(*Mechanica*)中也解决了一些角动量的问题，但是没有进一步发展；丹尼尔·伯努利（Daniel Bernoulli）提出了类似现代意义上的角动量，但是也没有严格化。后来几经流转，在皮埃尔·拉普拉斯（Pierre Laplace）、路易·潘索（Louis Poinsot）、让·傅科（Jean Foucault，利用傅科摆显示地球自转的那位）手里过了一遍之后，直到 1858 年，一位苏格兰工程师威廉·兰金（William Rankine）在他的手稿中严格定义了角动量。

角动量主要从角动量守恒来理解，它是人们偶然发现的封闭系统转动过程中的一个不变量。科学家最终证明，在更复杂的情况下这个守恒依然成立。深刻（听不懂）地说，它是空间转动群的生成元，来源于系统对空间转动的对称性。

参考文献：https://en.wikipedia.org/wiki/Angular_momentum。

◆ ◆ ◆

51. 一般情况下，液体的分子排列无序，间隔较大，固体分子排列有序，间隔较小，为什么水结成冰密度却变小了？

H_2O 的体积随温度的变化反常，这一点可不仅仅体现在结冰的时候。事实上，在降温过程中，到了 4 摄氏度，水的体积就开始膨胀了。这要归因于水分子的特殊之处——氢键。H_2O 的三个原子不是一条直线，而是呈一个角度排列。除了 H 和 O 之间的化学键之外，还有水分子之间的氢键作用。温度较高时，氢键作用并不明显，到了 4 摄氏度以下，氢键的作用堪比分子内部的化学键，其效果就是让水的排列有了一种特殊取向，即水分子之间的 H "顶" 在一起。这是一种空间利用率很差的排列方式，所以 H_2O 的体积就变大了。温度越低，这种排列就越明显，体积就越膨胀，直到 H_2O 成为固体。

思考题：0 摄氏度的水和 0 摄氏度的冰哪个分子间距大？

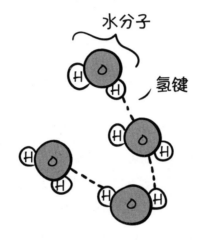

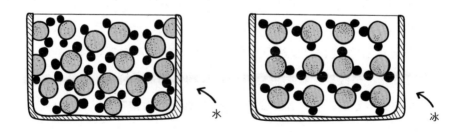

◆ ◆ ◆

52. 为什么抽气泵不能把真空罩抽成完全真空状态？

这里说的 "完全真空状态" 应该是指完全没有已知粒子的状态，这的确无法达到。

一方面，你要抽空的腔体内壁在源源不断地"放气"，也就是不断有粒子从中跑出来，这是无法避免的；另一方面，即便没有这些跑出来的气体，泵在抽气时，抽气的速率也会随着真空度的增加而降低，也就是说，你越抽越慢，再久也无法完全抽干净。综合两种因素，随着抽气速率不断下降，到了与腔体内壁放气速率相等时，这里就达到了动态平衡的状态，此时的真空度就是稳定时的真空度。

◆ ◆ ◆

53. 为什么发射卫星的轨迹是椭圆形，而地面上的抛体运动轨迹是抛物线？

其实都是椭圆啦！只是在地面附近，物体的运动范围相比地球而言小得多，引力场可近似为匀强场，此时推导得到物体轨迹为抛物线。实际上，椭圆顶点附近的小段曲线，也确实可以用抛物线来近似。不过，对于有心力场中物体的运动轨迹，需要用 Binet 公式严格求解，涉及理论力学和微积分的相关知识。

若不考虑空气阻力等因素，仅考虑最简单的模型，则平方反比场中物体的运动轨迹为二次曲线，即圆锥曲线，包括：椭圆（包含圆形这一特殊情况）、抛物线、双曲线，三者分别对应偏心率 $0 \leqslant e < 1$，$e=1$，$e > 1$ 的情况。相应地，我们也可以通过该物体的机械能 E（动能与势能之和）判断轨迹的形状，$E<0$ 时为椭圆，$E=0$ 时为抛物线，$E > 0$ 时为双曲线。

所以，在地面上抛射物体也是可以得到严格的抛物线的，只是其动能要大到足以完全脱离地球引力的束缚才行，这可是很大的能量，与普通情况有本质的不同。比如，火星探测器至少需要达到第二宇宙速度 $(2gR)^{1/2}$=11.2 千米 / 秒才能沿抛物线离开地球，超过第二宇宙速度才能沿双曲线离开地球，如果速度处于第一宇宙速度到第二宇宙速度之间，就只能做一颗沿着椭圆静静环绕的卫星啦，如果速度再小一点……对不起，那就是一个坠落的悲剧，真的跟你扔个石子掉到地上没多大区别了。

◆ ◆ ◆

54. 如何简单阐述角动量守恒？又该如何使用？

角动量守恒在经典力学和量子力学中有不同的意义，所以我们分为两个部分回答。

（1）经典力学中的角动量守恒

我们在体系中定义一个叫角动量（$L=r×p$）的物理量，如果我们测量／计算发现任意时刻的角动量数值不变，就称之为角动量守恒。在牛顿力学中，角动量的变化由力矩决定：$\frac{\mathrm{d}}{\mathrm{d}t}L=M$。可见力矩为 0，角动量不随时间改变。这就是角动量守恒的条件。在分析力学中，当体系的拉氏量不随体系的旋转而改变时，体系的角动量守恒。这两种表述是等价的。利用角动量守恒可以简化体系的求解，如有心力场就是典型的角动量守恒情况，我们可以利用角动量守恒直接推出开普勒第二定律。

（2）量子力学中的角动量守恒

我们在体系中定义一个算符叫作角动量算符（$L=r×p$，这里的字母 L 代表角动量算符），角动量算符的本征值就是角动量。如果我们测量／计算发现任意时刻的角动量的平均值不变（注意，量子力学要求平均值不变，经典力学只要求数值不变），我们就称体系的角动量守恒。在量子力学中，要保证角动量守恒，角动量算符和哈密顿量对易即可。在角动量守恒的体系中，我们可以把角动量作为好量子数，利用好量子数可以使哈密顿量对角化的过程大大简化。

55. 磁化的本质是什么?

磁化过程就是磁性材料在磁场作用下,磁化状态发生改变,直至达到磁饱和状态。

在同一磁体内,自发磁化强度大小是一致的,磁体中有许多磁畴,这是铁磁材料在自发磁化的过程中为了达到能量最低产生的小型磁化区域,每个区域内部有大量原子,原子磁矩方向相同。而相邻的不同区域之间原子磁矩排列方向不同,宏观上表现为自发磁化强度大小相同,但是方向不同。磁畴的交界面称为磁畴壁,表现出的整体的磁化强度可以写为:

$$M=\sum_i M_s V_i \cos\theta_i,$$

其中 M_s 为自发磁化强度,V 是磁畴的大小,θ 是磁畴方向和易磁化轴的夹角。因此,在外磁场作用下,发生改变的是这三者,分别对应内禀磁化强度的改变、磁畴壁位移以及磁畴转动。

◆ ◆ ◆

56. 比热容会随物质温度上升而增大吗?

热容量(比热容和热容量只差一个质量系数,讨论两者是一样的)是系统升高单位温度时内能的变化。一般情况下,在很小的温度范围,我们认为热容量是不变的,实际上热容量随温度变化是物质世界普遍存在的现象。

比如,双原子分子理想气体的热容在常温下为 5/2Nk,在达到几千度的时候变为 7/2Nk(N 为分子个数,k 为玻尔兹曼常量)。我们可以把双原子分子想象成同时用弹簧和玻璃棒连接的两个小球。开始时温度较低,"分子"运动速度较慢,能量不足以撞碎玻璃棒,这时弹簧相当于不存在。当温度逐渐升高,玻璃棒破碎,弹簧就起作用了,振动自由度参与到能量的分配当中。由于经典的能量均分定理，原来平均分配给平动自由度和转动自由度的能量，现在需要分给振动自由度一部分。于是，吸热相同时，平动能增加得没那么多了，温度也升高得比原来少了，即热容增大。当然，更为准确的说法是，振动能是量子化的，较低温度的热运动不足以使分子发生振动能级上的跃迁，要达到10^3K 量级，热容才需要考虑振动的影响。

热容随温度变化还有一个比较典型的例子，就是电子。电子的热容和温度成正比，常温下很小，要达到10^4K 的量级才能和晶格热容相比较。电子是费米子，满足泡利不相容原理，每个能级只能占据两个自旋相反的电子，所以最高占据能级已经很高了，常温的热运动只能影响最高占据能级附近的一部分电子。考虑晶格振动和电子的热容，我们就得到了在温度极低的情况下，金属的热容趋近于 0。比较有意思的是，根据热容的定义，热容可以为负值。黑洞的温度和其质量成反比，而质量和能量是相当的，也就是说黑洞吸收能量后温度下降，从而表现出负的热容，并且和温度的二次方成反比。

• • •

57. 为什么物体在最速曲线上运动得最快？

最速曲线是指不考虑摩擦的情况下，小球从一点自由滑落到下面另一点用时最短的轨道曲线。首先可以肯定的是，由于机械能守恒，物体无论经过哪个轨道到达底部的速度都是一样的。直观来看，好像两点之间线段最短，直线过去应该用时最少。然而并不是这样。如果一开始的斜率绝对值比两点间的直线更大，它将使小球更快加速，这是这种情况用时更少的一个因素，虽然另一个因素会导致用时更长——路程变长了。总之，不能简单认为直线用时最少。

求最速曲线需要结合各处的斜率（决定加速度）和路程，把所需时

间 t 当成曲线方程 $y(x)$ 的泛函数，也就是把 $y(x)$ 及其导数放在积分中表示时间。$y(x)$ 本身是个不知道具体形式的函数，时间表示成了 $y(x)$ 的函数，像这样的函数就叫作泛函数。利用变分方法得到的令时间最小的最优解 $y(x)$ 就是最速曲线的方程。没有变分基础的同学可以大致了解一下，有变分基础的同学……估计你们都已经想过这个问题了吧。

◆ ◆ ◆

58. 为什么电场线越密，电场强度越大？

我们以静电场为例解释这个问题。电场线作为描述电场的可视化手段具有直观、形象的特点，但同时它丢失了对电场描述的精确性。高中课本中提到，电场线密的地方电场强度大，但是我们也可以通过电荷的分布来求出电场强度的大小。这两种方法看起来是各自独立的，那么它们给出的大小是一致的吗？答案是肯定的：电场中某一点会有一个方向，沿着这个方向画一条短线到达另一点，此处也有一个电场方向，再沿这个方向画一条短线，以此类推，可以得出一条电场线。

如果我们在没有电荷的电场中做一个垂直于电场的小圆，以圆周上各点为起点做电场线，我们可以得到一个由电场线围起来的管道。从电场线的画法我们可以看出，管壁上电场方向都沿切向，所以管壁上的电场对于整个管道的电通量没有贡献，电通量只来自管道两端。由高斯定理可以推断，两端的电通量大小相同符号不同，又因为电通量的定义是 $\Phi=ES$，所以面积小的一端电场就强，面积小就意味着管壁上的电场线离得近，换句话说就是电场线更密。所以，电场线越密的地方电场强度越大。

◆ ◆ ◆

59. 电子不是互相排斥的吗，为什么会有电子对的说法？

首先声明，这里的电子对，确实是两个电子，形成了一对快乐的小伙伴——电子对。

"异性相吸，同性相斥"是我们从小就耳熟能详的法则，物理老师告诉我们，这个法则不仅适用于男孩子和女孩子，也适用于磁和电。用于磁的时候，性质指的是磁极；用于电的时候，性质指的是电荷。那么问题来了，电子之间相互排斥，也就是说它们"讨厌"着对方，那它们又为什么会一起愉快地玩耍，形成"对"呢？

在没有外界"帮助"的时候，两个电子确实是不可能形成稳定的对态的。它们就像两个讨厌着对方的冤家，是不会想见到彼此的。要是有一个中间人呢？有个中间人调解一下，两个冤家是不是有时候也能愉快地玩耍了？我们以 BCS 超导理论中的库珀对为例，这个情况下的"中间人"就是声子，也就是晶格振动。库珀曾经证明：一般来说，只要电子之间存在引力，哪怕很微小，也会使费米面附近的电子结合在一起，形成库珀对。简单来说就是只要有引力，有些电子就可以形成对。那么我们来分析一下低温超导中的这个引力是怎么出现的。

晶格中的离子实都是带正电的。当第一个电子在某些离子实中间运动时，引力作用会使该区域的离子实密度出现涨落，电子附近的离子实密度变大。密度大的离子实显然对第二个电子更有"吸引力"，这个吸引力在一些情况下是可以大于电子之间的斥力的，这样合成的有效作用就是吸引力了。在这个吸引力下，就能出现电子对了。

◆ ◆ ◆

60. 为什么反射、折射可获得偏振光？它们是如何使光的振动面只限于某一固定方向的？

考虑光的反射和折射时，我们一般利用经典电磁理论就足够了。在经典电磁理论中什么才是最基本的呢？没错，就是麦克斯韦方程组。当一束光照到介质表面时，会形成一个边界条件，结合麦克斯韦方程组，我们可以通过解这个边界条件得到反射光和折射光二者的电矢量与入射光的电矢量的关系，而这个关系就是大名鼎鼎的菲涅尔公式。通过分析菲涅尔公式，我们可以知道，当入射角为布鲁斯特角时（此时反射光与折射光垂直），反射光为完全偏振光，偏振方向垂直于入射面。但是一般情况下，若入射光不是完全偏振光的话，折射光是无法产生完全偏振光的。

关于菲涅尔公式的更多具体知识，读者可自行查阅电动力学相关的图书，篇幅有限，这里不多阐述。

◆ ◆ ◆

61. 在橡胶中，声音的传播速度只有几十米每秒，比室温空气中速度低。请问这里有什么内在原理吗？

从本质上来说，声速对应的是微小扰动在可压缩介质中传播的速度。在固体中，声波既有横波也有纵波，即材料中的原子或分子在垂直或沿着波传播的方向上来回地振动。我们简单地想一下，如果单个分子或原子自己振动的方向和声波传播方向尽可能相一致，那么在该方向上，分子间碰撞的概率增大，扰动传播的速度就会加快，换言之，声速也就更快了。一般说来，固体中声速的公式为：

$$v_s = \sqrt{\frac{K}{\rho}}$$

其中，K 为弹性模量，ρ 为固体材料的密度。计算固体材料的声速，要从这个材料的具体性质参数出发。因此，声波在橡胶中的传播情况也不能一概而论，天然橡胶中声速很低，但如果提高了硬度，比如制作出了硫化橡胶，那么在其中传播的声速就会提高很多。

62. 相对论效应能用速度合成来解释吗？物质都以光速 c 进行时空运动，空间方向分速度变大会使时间方向分速度减小。

哇，这位同学，这个你是不是自己想出来的？的确可以这么考虑。相对论中一切质点的四维速度的模均为光速 c，不论其质量是否为 0。不过，四维矢量模值求法和一般的欧氏空间中矢量的模值求法不同，这和度规张量有关，不能简单地使用平行四边形法则。

这里有一个与之相关的内容，如果我们建立一个 (x, y, z, ict) 四维空间，我们可以发现，其实洛伦兹变换就是 (x, ict) 平面上的转动公式。

◆ ◆ ◆

63. 凸透镜可以将物体放大，我们为什么还需要显微镜？

我们来分析一下凸透镜的放大倍数公式 $k=f/(f-u)$，可以看出，放大倍数取决于两个因素：一是凸透镜的焦距 f，二是物距 u，上述公式在 $u<f$ 时成立。在保持 f 不变的情况下，我们可以通过不断增大 u 来得到更大的放大倍数（相信用过放大镜的同学都有体会）。

那为什么我们还需要显微镜呢？考虑到实际情况，人眼观察物体的大小，一方面取决于物体的实际大小（线度），另一方面取决于物体对人眼的张角。这里提到的放大率，确切地说是线度的放大率，如果我们不断增大物距 u，虽然正立的虚像会不断被放大，但同时它到我们人眼的距离也越来越远，所以就实际观察而言，我们并不能通过一个简单的凸透镜得到很高的放大倍数。当观察非常微小的物体时，显微镜就必不可少了。一般而言，凸透镜上所标注的放大倍数，是指虚像位于人眼明视距离（最适合正常眼细致观察物体又不易产生疲劳感觉的距离）时的放大率。

值得注意的是，上述放大倍数的公式是在理想凸透镜以及近轴光线条件下导出的，实际应用中还要考虑球差、色差等因素的影响，它们也会限制凸透镜的放大倍数。

64. 非金属加压之后会变成金属，这是什么原理？为什么质子数会改变？

常见的物质都是由原子构成的（废话），它们的导电性要由原子的相互作用方式、空间分布形式给出。如果我们逐渐增大压强，原子的组织形式就可能发生变化，物质的导电性就可能被改变，至于具体怎么变，情况可能很丰富。

比如，有一类绝缘体叫莫特绝缘体，这个物态差一点就可以被称为金属了，但是其电子间的相互作用使得能带劈裂而变得绝缘。不过，人们发现，只要加大压强就能使这些能带移动并交错，使之变为导体。

对于金属氢，这一变化更加剧烈。我们知道通常情况下，氢原子都是两两组成分子，再以范德华力结合为液体与气体。但是人们根据理论预言，只要加上足够的高压，氢原子就会像金属一样构成晶格，而它的电子也会像在金属中一样巡游。这时，原子间的相互作用就更类似金属键了，以类似非金属形式存在的氢也就变成了完全类似金属形式存在的氢了。与之类似，人们也预言许多富氢的材料在高压下会变得类似金属。比如，人们已经成功观察到了 H_2S 的金属化，但是金属氢与其他材料的制备还不是很顺利。一个有趣的地方是，氢离子是裸的质子，所以金属氢可以视为一种电子简并物质。

高压下的物态变化应该还有很多种，我估计物质金属化的过程还有许多可能性，不过我水平有限，现在只能想到这两个。我觉得相反的过程也应该是存在的，举一个可能不太恰当的例子，石墨是一种导体，但是在高压下石墨可以被压成钻石，这就是一种绝缘体了。

◆ ◆ ◆

65. 物理中的边界条件是指什么？它很重要吗？边界条件就是临界条件吗？

我们在解决实际问题的时候，光有一个足以描述系统的方程是不够的，往往需要其他一些附加的关于系统的信息，比如初始状态、边界上的情况，等等。这些附加条件被称为定解条件，而边界条件就是其中的一种。

举个例子：求解一根弦的振动时，除了关于这个弦的振动方程（关于这根弦的各种参数应该已经包含在这个方程里）以外，我们应该还需要这根弦两端的情况——可能是固定的，也可能是自由的——这就是关于这个问题的边界条件。而临界条件通常是指系统由一种状态刚好转化为另一种状态时满足的条件，与边界条件不是同一个概念。

◆ ◆ ◆

66. 麦克斯韦妖是怎么一回事？

麦克斯韦妖是麦克斯韦所进行的一个思想实验，用于说明热力学第二定律的局限性。

麦克斯韦设想一个容器被挡板隔为 A 和 B 两个区域。有一个小妖控制着挡板，小妖知道每个分子的运动速度，并且当 A 中速率较高的分子要撞上挡板时，小妖会为其开一扇门，引导分子进入 B，而不让速率较低的分子通过。对于另一侧，小妖则让速率较低的分子进入 A，速率较高的分子留在 B。这样一段时间后，A 中分子整体速率较低，B 中分子速率较高。即 A 中温度较低，B 中温度较高。这似乎在不做功的情况下，使得 A 的温度降低，B 的温度升高。因此，麦克斯韦认为：仅在物体较大，难以区分构成物质的分子时，热力学第二定律才成立，所以要对热力学第二定律加以限制。

我们都知道，麦克斯韦妖是被证伪的。原因很简单：在麦克斯韦的假想中，容器应该是孤立系统。实际上，为了知道每个分子的运动速度，我们需要加入能量或者物质进行检测，容器实际上不是孤立系统，因此麦克斯韦妖不仅没有驳倒热力学第二定律，反而成为热力学第二定律的一个例证。

◆ ◆ ◆

67. 如何生动形象地理解晶格振动？

晶格振动，就是晶体原子在格点附近的热振动。晶体中的原子很调皮，它们不喜欢在受力平衡的地方老老实实地待着，而喜欢绕着格点进行小幅度的振动。

现在，我们一般用声子来描述晶体中原子的振动。我们对晶体中原子势场做泰勒展开，只保留到二次项，然后由晶格的平移对称性，可以得出结论：晶体中所有的振动都可以用有限多的振动模式叠加得到，每种振动模式都代表了原子集体形成的简谐波。这些振动模式的量子化就是我们所说的声子（看不懂的话可以跨过这一部分）。

简单来说，复杂的晶体振动可以用有限种简单集体波动的叠加来描述。我们在研究各种和晶体振动相关的理论时，只需要考虑这些振动模式，不需要考虑具体的复杂振动。

68. 惯性质量和引力质量到底有什么区别，不都是质量吗？

虽然它们都是质量，但是仔细思考"质量"的含义，我们就会发现两者的概念并不相同。

惯性质量表示的是力对物体产生加速度的困难程度，这里并不针对特定种类的力，只是表明一个力的效果。而引力质量可以类比电荷，或可称为"引力荷"，表明的是产生引力和接受引力的能力大小。这样看来两者不是一回事，甚至并不一定有什么关系。

不过牛顿注意到，单摆的周期只与摆长有关，而与摆锤的材质和重量都没有关系。（单摆问题本质上可以用 $F=ma$ 来研究，引力质量包含在 F 里，而 m 是惯性质量。）这说明，对于任何物体，引力质量和惯性质量的比是一个常数。以后的很多实验也都证实了这一点。而根据万有引力定律，我们可以把两者的比值定为1，将常数收缩到万有引力常数里面去。

惯性质量和引力质量的等效性是广义相对论第一基本原理——等效原理——的基础。如果没有引力质量和惯性质量的严格相等，引力场和加速场的等效就无从谈起，爱因斯坦的电梯思想实验也就完全是臆想了。

◆ ◆ ◆

69. 力学和物理学怎么就分家了？

大家都是从牛顿力学出发的，但走了不同的路。

物理学在努力拓宽力学的适用范围，从微观的量子力学到高速的相对论力学，努力加深人类对基础物理学定律的理解。而力学专业是在牛顿力学的框架下不断细化深入，不断研究越来越复杂的系统，比如研究湍流、非线性效应，以及具体到导弹和航天器的动力学分析。

两条路的研究范式差别比较大。力学系学生可能完全不需要学习对物理系来说最重要的量子力学，物理系学生可能对力学系最重要的偏微分方程和非线性效应只有一个非常粗浅的认识。

这两条路都极其复杂，足够耗费一个人的一生，所以慢慢就分家啦。

思考题：钱学森是世界著名的什么学家？

◆ ◆ ◆

70. 量子力学有三套等价的理论基础框架：波动方程、矩阵方程、路径积分。初学者要从哪里入手呢？三个都要学吗？

三种是等价的，但各有特点。

波动方程的特点是图像清晰，用到的数学比较常见，方便实际应用，在处理化学中的原子、分子的电子结构时可以让你非常得心应手。

矩阵方程在表述量子力学自身的理论结构时最为清晰，最容易让你理解量子力学到底在做什么，在处理量子信息和凝聚态理论中的一些离散模型时用得很多。

路径积分可以用最自然的方式把经典理论过渡到量子，对量子力学的物理意义表现得更深刻，是通往更高层次的物理的垫脚石，但计算最麻烦，一般不用来处理实际问题。

所以结论来了，对于化学系和生物系的一些同学而言，量子力学只是一门计算工具，他们最适合学习薛定谔的波动方程。绝大多数（甚至是所有的）物理系学生则应该先学矩阵力学形式，明白量子力学到底在干什么，再学波动力学。想学量子场论，或者对物理理论本身感兴趣的同学，应该在学完矩阵力学和波动力学之后再学路径积分。

◆ ◆ ◆

71. 牛顿引力为什么不能改写成洛伦兹协变形式与狭义相对论相融？有哪几方面的考虑？

建筑师修个房子还要考虑相对论修正，建筑师表示好累。

简单也是一种美德。它使得人们在学会知识、收获回报的同时，还能把更多的精力投入到其他有意义的事情中去。纵观人类历史，如果什么东西简单又错不到哪里去，那它就很难被彻底取代，包括科学、艺术、政治、传统文化、世俗偏见，等等。

◆ ◆ ◆

72．"量子力学"与"量子场论"两门课有什么区别？必须两个都学吗？

量子力学能解决非相对论性的单个粒子的微观世界的运动问题——听起来好像很弱，但这个范围已经包括了绝大部分化学、部分生物、整个微电子学、芯片与集成电路、现代光学、量子信息，等等。量子力学可以说是物理学中应用最广的一门学科，对于绝大多数学习物理类专业的学生而言，量子力学都是必须好好掌握的。

量子场论解决的是相对论性的多个粒子耦合的微观世界的运动问题——这很强大，也很复杂，所以一般能用量子力学的地方我们是绝对不用量子场论的。它主要用于比较前沿的物理研究，比如弦理论、高能物理（包括核物理和粒子物理），以及凝聚态中的强关联物理。大部分物理系学生不需要学量子场论。

致需要学但学不懂的同学——没事，你有一辈子嘛。

◆ ◆ ◆

73．人们如何保证皮秒、纳米、纳开等单位的精度？

测量说到底是计数或比较。

运动员跑百米所需要的时间就是与裁判员秒表跳动次数的比较结果。秒表对运动员跑步时间测量的准确性由秒表跳动频率的稳定性决定。通常，秒表跳动的参考源来自石英晶振，其每秒的跳动频率变化可达百万分之一量级，这样的稳定度对于运动员跑步的时间度量已经足够准确了。

同样的道理，得益于自然的馈赠，原子内电子的跃迁是原子的固有共振频率，其稳定程度可达 10^{-18} 次量级，相当于 160 亿年不差 1 秒。在如此稳定的原子钟（比如锶原子光晶格钟）的辅助下，人类通过跟它的计数比较，自然可以获得皮秒甚至飞秒的测量准确度。

时间 / 频率是人类掌握得最精确的物理量，其他物理量若能跟时间 / 频率建立直接联系，其测量精度也随之提升。比如长度的国际标准定义，依赖于光速不变定理，1 米可转换成光在真空中跑 1/3000000 秒所经过的距离。

不过，如果教条地应用国际标准，将其推到微观尺度——比如将纳米尺度的测量转换为高能 X 射线（波长在 0.1 纳米以下）在飞秒时间内运动的距离——真要这么干会让实验物理学家睡不着觉，因为在如此小的尺度下进行如此短时间延迟的测量超过了人类目前操纵自然现象的极限。

实际上，更靠谱的做法是利用真空中光子内禀的波长 λ 与频率 v 的关系（$\lambda=c/v$），将特定频率的波长作为微观世界的标准尺子。比如，常用的铜靶 Kα1 对应的 X 射线波长是 0.154 纳米，我们也可以使用高大上的、波长大范围可调的同步辐射光源。

极低温度的测量，依据微观原子的动能对温度的定义（$3kT=mv^2$，k 为玻尔兹曼常数），可转换成在显微镜下测量的被激光冷却的原子的扩散速度。以铯原子为例，如果在显微镜下看它们在 1 秒内移动 1 毫米，则估计其温度是 5 纳开。据我们所看到的报道，目前冷原子领域的最低温度记录是几十皮开。

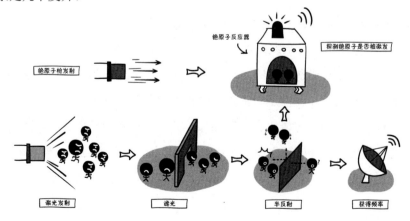

宇宙篇

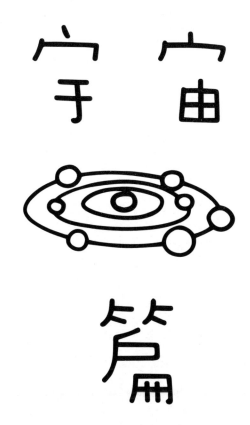

01. 地球为什么没有因太阳一直照射而越来越热？

地球确实是越来越热，不过主要原因是温室效应，而不单单是因为太阳一直照射。地球的能量来自太阳光的照射，而从地球诞生到现在，阳光就一直照射着，地球上的能量岂不是越来越多，温度越来越高？

其实不然。地球这个热力学系统，在源源不断地吸收太阳辐射的能量的同时，也在向外面散发着能量。照射到地球上的一部分阳光被地表吸收，一部分被植物光合作用储存成生物能。而动物的活动又将这部分生物能消耗掉，变成热量散布到周围的环境中。这些因素都将使地球环境中的能量升高。

我们知道，有温度的物体都会向外界散热，其散热方式包括热传导、热对流和热辐射，地球也不例外。不过面对太空这个环境，地球只剩下了辐射这一个方式。这样，地球一方面从太阳光得到能量，一方面又通过辐射红外线向太空散发能量，当吸收热量与辐射热量达到平衡时，地球的温度就不变了。当然，得达到这个热平衡，温度才能不变。所谓的温室效应，简单说就是大气层中二氧化碳等气体浓度越来越大，本来要辐射到外太空中的红外线被大气吸收了，向外散发的热量减少，而本身吸收的能量又不变，导致在现阶段地球整体的温度上升。

◆ ◆ ◆

02. 地球到底是实心的还是空心的？科学家如何知道地球内部有核、幔、壳结构？

如果看过凡尔纳的《地心游记》，你肯定会被书中主角一行人从火山洞跳入地心的经历所吸引。在凡尔纳的年代，人们难以对地球内部结构有深层的认识，地球空心论曾大行其道，当时也有很多试图找到通往地心的洞穴的冒险家。但如果对此稍加分析，我们就会发现地球空心很大程度上是不合理的。如果是空心的，那么地球如何抵抗大质量物体相互吸引的引力而不至于坍缩呢？

花开两朵，各表一枝。人类发现地球的分层结构时利用了地震波。1910年，克罗地亚科学家莫罗霍维奇发现地震波的速度在地下某一深度处有突然的增高，这里就是地壳与地幔的分界面。1914年，美国科学家古登堡发现在地下更深处，还有一个速度分界面，这就是地幔与地核的分界面。

但我们对地下真实情况的了解还是很肤浅的。人类目前能到达的深度有限，苏联的科拉钻井到了地下12千米处，但连地壳都还没有钻破。利用对岩浆等的研究，我们也能获得一些关于地幔物质的数据。但目前我们对地球内部物质组成还有很多未被证实的猜想。

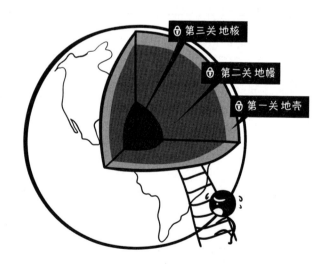

03. 地球及一切其他星球自转的原动力来自哪里？是什么能量一直驱使着星球的自转？

这个问题非常基础，但问的朋友有点多，所以我们还是回答一下吧。

在理想情况下，物体的运动是不需要能量来维持的。物体天然就可以永远运动下去，这是由伽利略发现的经典力学的基本法则之一。现实生活中物体的运动往往不能永远维持下去是因为摩擦力、空气阻力等耗散作用普遍存在，所以物体的运动需要额外施加能量来维持。

而星球在真空中自转，几乎没有耗散作用，天然就可以长久地自转下去，不需要能量。

不过物理君还要强调一点，永远自转下去不等于永动，永动机的定义不是字面上的"永远动下去的机器"，永动机是指能够永远产生可用的能量（而不产生别的不可逆变化）的机器。

◆ ◆ ◆

04. 地球的自转速度是否在减慢？

嗯，是在减慢。日子终于可以过得慢一些了——物理君瞎说的。

地球的自转周期，也就是一天的长度，每隔十万年增加 1.6 秒。而地球自转速度变缓的原因可归为外界因素和内部因素两类，其中外界因素起主要作用。外界因素主要来自长期的潮汐摩擦效应，内部因素主要来自无规的地核运动和季节性的大气运动。

所谓"潮汐摩擦"，简单说就是，月球和太阳通过占据地球表面71%的海洋引发潮汐，把地球拖慢了。地球表面的潮汐形成两边较鼓的椭球，其旋转的速度要慢于地壳的旋转速度，因此地壳与海洋之间的剧烈摩擦导致地球自转速度变慢。另外，潮汐的旋转角速度快于月球的绕转角速度，因此海洋的部分角动量又通过潮汐力产生的力矩传递给了月球。

当然，说到地球上不规则分布的物质，由于地球自转角速度相对更大，它们都会通过月球潮汐力产生的平均力矩传递角动量给月球。即使地球是个完美的球体，也会因为引力的作用产生变形，从而产生力矩，这就是所谓的"潮汐锁定"。

而且，由于能量守恒，在地球自转速度减慢的同时，月球公转周期会变长，并慢慢远离地球。最终，这个潮汐摩擦和力矩的作用使得作用双方趋于相互锁定，即月球公转周期与地球自转周期相同，这也意味着一天与一个月的时间相同。我们常见的月球实际上一直以来都是以同一个面朝向我们的。这是因为月球的质量要比地球质量小得多，月球的潮汐锁定已经提前完成。

同样的过程也发生在太阳和地球之间。现在，地球上一年的时间远大于一天的时间，当有一天地球相对于太阳的潮汐锁定完成，那将出现一天与一年的时间相等的情形。那就真的是"度日如年"了。当然，有足够长的演化时间，地球和月球、太阳和地球才能分别达到潮汐锁定。这也从侧面反映了我们的地球作为太阳的行星，仍然处于相当年轻的阶段。

地球自转变慢的两个内部原因——无规的地核运动和季节性的大气运动——可以这样理解：（1）角动量不变时角速度大小可以变化；（2）角速度的方向与角动量的方向可以是不一样的。

比如，花样滑冰运动员在做原地旋转动作时，其手臂向内收的同时，他自转的速度将会变快。只要角速度的方向不平行于旋转物体的主轴，角速度方向就会一直变化。考虑一个极端情形：你向上抛一根长细棒，让细棒沿着长轴方向高速旋转（细棒足够细的情形下，其贡献的角动量可忽略不计），然后再使细棒沿着垂直长轴的方向旋转上抛，此时角速度在空中必然是会发生变化的，而角动量是不变的。明白了这些，你自然能理解地球内部运动导致的自转速度变化。

最后，物理君还可以（滑稽地）提出一个能造成地球自转速度变慢的内部因素，这也是我们地球人都能参与的活动，那就是把靠左行驶的汽车全部改为靠右行驶，这样一来，一天的时间就增加[1]了。当然，这个所谓的一天时间变长是相对于汽车都停在原地不动的情形而言的，其变化也十分微弱。

• • •

05. 为什么极光是绿色的？

首先我们需要知道，极光是来自地球磁场或太阳的高能带电粒子流使高层大气分子或原子激发而产生的。根据能量最低原理，激发态是不稳定的，被激发的原子等一段时间后（这段时间称为寿命）会释放出一定

---

1 定义角动量方向沿着地球自转方向——自西向东——为正。将交通规则中车辆靠左行驶改为靠右行驶，会使得交通工具相对于转轴的角动量增加。这是因为所有向东的运动将比之前远离地球的自转轴，因而将获得更多的正向角动量。相反，向西方向的运动则减少了它的负向角动量。假定东西方向(其他方向都有这两个方向之一的分量投影)的交通流量相同，整个地球系统的转动惯量不变。地球系统总角动量守恒，因此地球的角动量将减少，其自转速度减小。(来源：《200道物理学难题》第97题)

能量的光子，然后回到稳定的基态，这一过程中放出的光就是极光。而大气分子主要是由什么构成的呢？没错，主要是氮气和氧气。

根据我们上面的阐述，极光颜色主要靠激发态决定，也就是由大气分子的组成以及入射电子能量大小决定。当入射电子能量不太大时，氧原子容易被激发，最终产生的光波为 557.7 纳米的淡绿色光。而能量较大时，氮原子容易被激发，最终产生 427.8 纳米的蓝色光。能量很大的时候，630 纳米的红光容易发出。

虽然高层内空气密度小，但是碰撞对于寿命长的态而言依然是有巨大影响的，比如，630 纳米的红光寿命约为 110 秒，而处于这种激发态的原子，只要被其他原子碰撞，激发态就会改变，再跃迁回基态时发出的光的颜色也会随之改变，不会再是红光了。而 557.7 纳米的淡绿色光寿命为 1 秒左右。人眼可以观测到的较低层空气密度相对高层较大，碰撞较多，因此人们看到的极光多为绿色光。

◆ ◆ ◆

06. 太阳是个什么样的"火"球？

太阳的成分主要是氢和氦，也有少量其他元素；其能量来源主要是内部核聚变；太阳的结构就比较复杂了，从内到外有不同的区层，肉眼看到的可见光主要是从靠近外层的"光球"层发射出来的，温度为 5000 摄氏度左右（随位置变化）。从这个角度讲，它有点类似超高温火焰。光球包含很多种类的元素，具体成分可以从太阳光谱中推测，原理类似焰色反应。更外层的日冕温度极高，达到百万摄氏度，因而其中气体极其稀薄，且几乎完全电离。这些等离子体高速运动会带来磁场（太阳磁场来源不止一种）；磁场也会影响到等离子体的运动；离子和电子在磁场中的回旋运动和振荡还会带来各种电磁波辐射。另外，磁重联过程释放巨大的能量，也会带来一系列丰富的现象。

总之，把太阳比作火球，形象直观，但也过于简单——其中的物理现象要比普通的火焰丰富得多。

◆ ◆ ◆

07. 为什么地球的引力没法束缚氦元素？

题主这么问，显然是了解万有引力与逃逸速度的。

如果把空气中的分子想象成一颗微型的卫星，则当其速度大于第二宇宙速度 11.2 千米 / 秒时，就会完全脱离地球引力，飞向浩瀚的宇宙。考虑到室温附近气体温度与分子平均动能的关系，可推得方均根速率 $v=(3RT/M)^{1/2}$，其中 M 为分子的摩尔质量。这说明，总体而言，质量越小的气体分子，其运动速度越大。

尽管如此，氦原子速率每秒也就几千米，与第二宇宙速度还差很多呢。可是别忘了，气体实际速率是依概率分布的，这就是麦克斯韦速率分布，它拖着一条长长的尾巴；也就是说，有少量的分子速度可以很快。虽然这部分分子比例并不高，但是涉及地球演化的过程，时间尺度是很大的，经过亿万年的积累，这部分逃逸就很可观了。

当然，由于分子量不同，气体间的差异也拉大了。这也是地球大气层中氢气和氦气很少，而以氮气、氧气以及更重的气体为主的原因之一。再看看其他星体：月球引力太小，啥都留不住；火星呢，引力比地球小些，氮气、氧气容易跑，所以大气中主要的就是更重的二氧化碳了；而木星引力比地球大得多，其大气中存在大量的氢气和氦气。

◆ ◆ ◆

08. 既然太阳主要是氢氦构成的，那阳光中的合成光线为什么是白色的？

对于这个问题，简单的回答是：太阳光谱是热辐射的结果，而不是原子跃迁的结果，而氢气燃烧的淡蓝光是原子跃迁的结果。

　　物体发出单个光子有多种层次，分子层次上的能量小，一般包括微波，原子层次上的一般包括近红外射线到近紫外射线（包括可见光），原子核层次的一般包括X射线和其他射线。当然也有粒子因速度变化（例如碰撞）而发出光子的情况。

　　这是一个氢、氦或者别的元素发出光谱的问题，我想你是在考虑原子层次的发光。以氢元素为例，根据玻尔原子模型（围绕原子核运动的电子只能在特定轨道上运动），如果氢原子外面的电子从一个高能级轨道跃迁到低能级轨道上，那么就会放出一个光子来。例如电子从 n=3 的轨道跃迁到 n=2 的轨道，就会释放出一个波长为 656.3 纳米的光子（对应红光）。

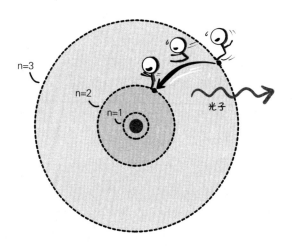

　　由于每个原子跃迁释放的能量都是固定的，所以当它们的电子从高能级跃向低能级时，就会释放出特定的光子，每种原子都对应自己独有的一个发射光谱。宏观上说，我们看到氢气燃烧时发蓝光，钠离子呈黄色等，这是它们的特征谱。

　　反过来说，如果原子的电子从低能级跃迁到高能级，那么它就会吸收特定波段的光。假如我们用全光谱的光去照射氢气，从另一面收集到的光谱上就会有一些被吸收的线条，这正是之前氢原子发射光谱对应的光谱线。

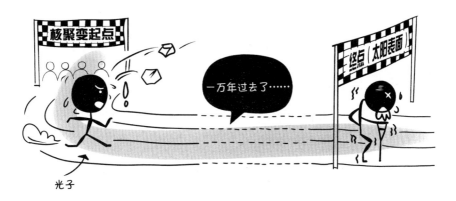

我们接下来考虑太阳的发光问题。这首先是发生在原子核水平上的。太阳之所以发光，从本质上说是因为它内部的氢核在高温高压下发生了核聚变，四个氢原子聚变成了一个氦原子；由于四个氢原子的质量比一个氦原子的质量稍大，根据爱因斯坦的质能关系，减少的质量就转化为能量，以 γ 光子的形式辐射出去。但是太阳内部粒子的密度太大了，这些辐射出去的 γ 光子不断地与其他粒子碰撞。根据估算，一个光子若要从太阳发生核聚变的地方跑到太阳表面，平均需要几百万到一千万年。可怜的光子！经过百万年的"挫骨削皮"，它早已变得面目全非了。那么我们该如何考虑太阳发射出的光呢？

这要从统计的角度来考虑。按照目前的普遍看法，太阳是一个近似的黑体。所有照射到黑体表面的辐射都完全被吸收而不会反射，它发出的光线来源于其热辐射。所以只要有温度，黑体就会辐射出电磁波，电磁波的波谱服从普朗克定律。这就是所谓的黑体辐射。太阳表面温度为5000 多摄氏度，下一页的插图显示的就是它辐射出的光谱。

灰色的是大气层上方的太阳光谱，黑线是 5250 摄氏度的黑体辐射，黑色则是经过大气层吸收后海平面上测量的太阳光谱。

我们可以看到，太阳光谱在可见光波段（390～700 纳米）的强度是

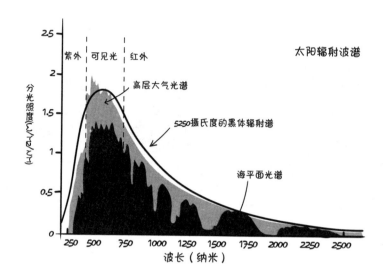

最大的。此外，在光谱上有"锯齿"，这是太阳表面大气中各种元素（例如氢、氦等）对光谱吸收的结果。

◆ ◆ ◆

09. 火箭在离开大气层后，朝后面喷射的火焰已经没有可以反弹的支撑物了，它在真空里为什么还能前进？

这位提问者拥有这种不会随着时间消失的好奇心，是一个值得羡慕的人。这个道理叫动量守恒。比方说，你坐在一个小船上使劲往后面丢一颗沉重的铁锚。在丢出去的瞬间，你站的小船会开始向前运动。而小船向前运动的原因并不是水在推动小船。

同样，火箭的尾部喷出大量的气体，并且这些气体温度很高，喷出去的速度非常快。它们就像丢出去的铁锚一样。这就是火箭前进的原因。

火箭转向的办法有很多，可以靠尾部发动机喷嘴角度的微调，可以靠从侧面喷出气体反推，可以靠陀螺效应。

10. 为什么说飞船在轨对接不可以在同一轨道？据说是因为轨道相同，速度相同，所以追不上。但是处于后方的飞船为什么不可以向后点火加速的同时向地球外侧方向点火（加大向心力），或者让前方的飞船减速？

道理谁都懂……可是你知道这要多花多少钱吗？中石油在太空中又没有加油站。多装几吨燃料上去往往意味着要多消耗几百吨燃料（这个数字不一定精确，总之很多就是了），而这都是小头，关键是装那几百吨燃料的额外的一节火箭还是一次性的。而这也是小头，关键是多加了一节火箭，原来的比推啥的全乱了，好吧，只能重新设计研发整个火箭了。所以这个动作非常非常不经济。

而且，这个动作的效果完全可以通过在地面上换个发射时间换个发射方式来搞定。所以……是不是有点蠢？

◆ ◆ ◆

11. 如何计算地球的质量？

质量，是物体所具有的一种物理属性，是物质的量的量度，体现了物质的惯性大小。地球体积以及位置使得我们无法直接对其质量进行称量，即使有着"给我一个支点，我能撬起整个地球"的豪言壮语，我们也无法在技术上实现这一伟大而艰巨的任务。在对地球质量进行测量时，我们需要利用间接测量的方法。

这里计算方法主要分两种，（1）利用质量与密度、体积的关系，通过平均密度对地球质量进行计算；（2）利用万有引力定律，通过地球与地球卫星的关系或地球上的物体所受重力来对地球质量进行计算，其中重要的一步是确定万有引力常数 G，这就是著名的卡文迪许扭秤实验。

$$M=\rho V \tag{1}$$

$$G\frac{Mm}{r^2}=ma=4\pi^2 mr\frac{1}{T^2},\ GM=4\pi^2 mr^3\frac{1}{T^2},\ M=\frac{GM}{G} \tag{2}$$

$$G\frac{Mm}{r^2}=mg,\ M=\frac{gr^2}{G} \tag{3}$$

在公式（1）中，地球体积 V 可由技术测量决定，平均密度可由 Schiehallion 实验决定；公式（2）中的 r 为卫星运动半径，T 为其运动周期；（3）中 r 为地球半径，g 为测量点重力加速度。

在对地球质量进行计算的过程中，我们一般需要考虑地球大气层的质量，有时甚至还需要考虑陨石、大气层逃逸、全球变暖等因素的影响。目前地球质量测算的精确值为（5.9722±0.0006）×10^{24} 千克。

◆ ◆ ◆

⓬. 为什么地球公转的轨道是椭圆形而不是圆形？

开普勒在 1609 年发表了他的第一定律和第二定律，第一定律内容为：行星绕太阳做椭圆运动，太阳位于椭圆的一个焦点上。虽然开普勒定律是在大量的观测资料的基础上总结出来的，但是数学上可以证明如果地球仅受到来自太阳的力，这个力是有心力（始终指向太阳的重心）且力的大小与它们之间的距离 r 成平方反比关系，即 $F\propto\dfrac{1}{r^2}$，根据能量守恒和角动量守恒我们可以得到有心力作用下质点的轨道方程（以太阳为参考系，质量变成折合质量）：

$$\frac{hd\rho}{\rho\sqrt{\dfrac{2E'}{m'}\rho^2+\dfrac{2mk^2}{m'}\rho-h^2}}=d\varphi$$

这个微分方程的通解为 $\rho = \dfrac{p}{1+\varepsilon\cos(\varphi+C)}$，从这个解我们可以看出在有心力作用下质点轨迹是一条圆锥曲线，且偏心率 $\varepsilon = \sqrt{1+\left(\dfrac{E'2h^2m'}{m^2k^4}\right)}$，当 $E' = -\dfrac{m^2k^4}{2h^2m'}$ 时，轨道为圆，而当 E' 小于 0 时，质点轨道为椭圆。很明显，轨道为圆的条件比椭圆严格得多。考虑到其他天体的微扰，大部分情形下，行星公转轨道更接近椭圆。不过太阳系八大行星轨道与圆都相当接近，地球轨道目前偏心率为 0.0167，事实上这比你能画出来的圆都要圆。

◆ ◆ ◆

13. 为什么围绕太阳公转的八大行星都在同一平面上？有没有可能出现相互垂直的轨道？

这个问题可以用星云假说解释。

一般的说法是，太阳系形成于一块星际云，这块星际云本身在形成的过程中就存在与其他星际云等其他物质的相互作用，尽管看上去可能很混乱，但整体具有一定的角动量。在引力的作用下，星际云的物质逐渐向中心坍缩，形成一个云盘，并且这个盘的平面大致垂直于整个星际云的角动量，来自盘上下的物质经过盘时通过物质的相互作用失去了大部分本来具有的垂直于盘的动量，因此整团星际云最终倾向于集中在一个吸积盘上。最后太阳就从盘中心的原恒星演化而来，而行星们则基本从这样的一个原行星盘上演化而来。这不仅能说明为什么我们太阳系的行星轨道基本在同一平面，行星们公转方向和太阳自转方向都是自西向东也可以得到解释。

当然，整个星际云并不是完全孤立的，来自外部的作用肯定参与了演化过程，但至少就目前的太阳系看来，相对星际云的内部作用，它似乎并没有扮演重要角色。另外，太阳系八大行星里面轨道倾角最大为七度左右，就目前所发现的行星系而言，似乎并没有两颗行星轨道相互垂直的情况。

◆ ◆ ◆

14. 宇宙是无限的吗？奇点大爆炸后形成宇宙，而宇宙是不断膨胀的，这是否意味着宇宙是有界的？界之外又是什么？大爆炸之前又发生了什么？

我只想说，题主刚好把两个关键词弄反了。

现在的观点认为，宇宙是有限而无界的。举个很简单的例子，一个球面，它的面积是有限的，但是这个球表面却是无界的。圆和莫比乌斯带都是这样的例子。

宇宙之外是什么？很多学者认为宇宙可能不止我们置身其中的这一个，还有其他的，只是目前无法证实。那么这些宇宙之外又是什么呢？这个问题或许需要脑洞。

大爆炸之前又发生了什么——对于这一点，现在人们有很多观点。威腾认为，宇宙是凭"空"产生的，但这个"空"不是一般意义上的空。

◆ ◆ ◆

15. 既然光速是有限的，那么我们看到的多少万光年远的星球是不是这个星球多少万年前的样子啊？

定性地来说，是的，这就好比寄给异地恋女友的情人节礼物，她2月14日收到的礼肯定不是你当天发出去的。拿你现在的时间减去信使（快递小哥，或者光子）一路上花的时间，就是信息发出的时间。

但精确考虑的话，这个问题就不太好回答了。为什么呢？上面之所以能够那样算，是因为默认我们都生活在一个经典的体系里，就是说世界各地全用同一个钟表，如果"上帝"老头伸手把这个钟停了，那么所有地方都将处于同一时间，就如同孙悟空喊了一声"定"，所有的事物都变成了雕塑，不管你是在喝水打哈欠，还是在嬉戏打闹，浮云不再飘动，浪花不再落下，太阳不再燃烧，银河不再旋转，那拂面的风也成了定格。但是相对论说了，其实每个物体都有自己的钟，是快是慢取决于这个物体的速度以及所处的空间曲率。如果那个星球正好在一个黑洞附近呢？如果那个星球正高速运动呢？即使你知道光子在路上走了一万零一年，你也只能说 A 星是在地球的一万零一年前发出的，而不能说它是在 A 星的一万零一年前发出的。发出那个光子后 A 星上的人民到底过了多少年，还要看他们自身所在的系统，他们时钟的步伐和我们不一定一致。

空间近似平滑，相对速度又不是很大的情况下，还是可以用经典的方法来计算的。火星人民表示异球恋还是很痛苦的，说一句话都要等十分钟。

◆ ◆ ◆

16. 既然宇宙中有无数颗恒星分布在地球的每个方向上，那么为什么黑夜还是黑的？

题主说的是奥伯斯佯谬，也就是所谓的"夜空黑暗之谜"。从理论上讲，如果我们的宇宙是静态的、无限的、永恒的，那么在任何方向上，我们都至少会看到一颗恒星，恒星发出的光在无限的时间内也总会到达我们的眼睛，那么夜空就不是黑暗的，而是无限亮的了。所以"静态""无限"和"永恒"这三者不可能都对。科学家针对该问题对现有宇宙模型提出了很多见解：有人提出"永恒"不对（宇宙有开端），遥远星球的光还在路上；有人提出"无限"太荒诞（宇宙有大小），恒星不够多；也有人提出"静态"显然是自我欺骗（宇宙在膨胀），星体的光芒红移得看不见了。当然，主流学术界相信这三个特点一个都不对，其结论就是我们的大爆炸模型。

其实反观这个佯谬，还是存在很多不合理的假设的，比如，恒星一直在发光而不熄灭是不符合能量守恒的（第一类永动机之奥伯斯恒星版）。所以即使宇宙无限而永恒，在存在很多吸光物质的情况下，星光的平均能量密度不足以达到可见的程度（注意这和奥伯斯自己的解释不同，这里考虑了恒星的寿命）符合夜空黑暗这个既定事实。（这和找不到的暗物质有没有什么关系呢？）当然，我们并没有回答夜空为什么黑暗。因为科学家不确定，所以物理君也不知道。不过，也许哪天题主能找到问题的答案呢？

◆ ◆ ◆

17. 宇宙中几乎有无穷多个星体，为什么地球没有被它们的引力撕裂？

在引力场很大且变化剧烈的情况下，物体除了改变速度，还有可能因各部分受力不均而被"潮汐力"撕裂。如果不考虑靠近黑洞、中子星等致密天体而导致引力场剧烈变化，很少有能够撕裂地球的那种潮汐力。

其实，人类目前无法证明宇宙中的星体无穷多。即使有无穷多星体，我们也可以从另一个角度去看：根据现代宇宙学的基本假设，宇宙初期是近乎各处均匀、各向同性的，在相同的天体演化与结构形成的规律下，大尺度上，地球周围的星体是均匀分布的，对地球的总引力也是基本互相抵消的，能够明显影响地球运动的是小尺度（如太阳系）上的力。

◆ ◆ ◆

18. 恒星那么大、那么远，人们如何测出它的大小和质量？

首先通过望远镜测量视星等（恒星看起来的亮度）与光谱，其次根据视星等与光谱直接得到恒星温度，而温度与质量有非常紧密的关系，因此对不同的恒星我们可以根据相应关系直接利用温度求出质量。然后，通过三角视差法、哈勃关系、标准烛光等方法我们可以测量出恒星与地球之间的距离，进而根据视星等与距离计算恒星光度。最后，对于一般的恒星，根据斯特藩 - 玻尔兹曼定律，光度与恒星半径平方以及温度的四次方成正比，我们由此可以解出恒星半径；对于较近且较大的恒星，我们也可以采用迈克尔逊干涉法、掩食法等方法直接进行测量。

◆ ◆ ◆

19. 宇宙微波背景辐射是什么？为什么人们能看到宇宙初始的样子？

根据现有的宇宙学模型，宇宙微波背景辐射的来源，要从宇宙最早期天地一片混沌时讲起。

大爆炸刚结束不久的时候，宇宙温度极其高，这样高的温度下重子物质还不能与电子复合，电磁波在这团带电的炽热的物质中无法自由穿行，经常会与周围物质发生相互作用。但是宇宙在膨胀，膨胀会降温，温度降低后电子与重子物质复合，光子就可以自由穿行了。

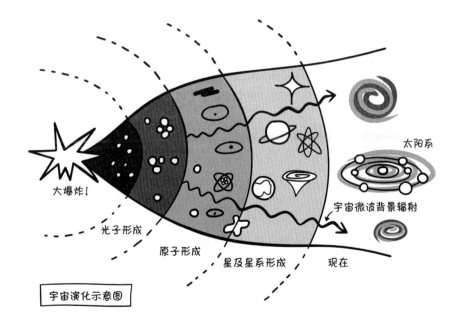

宇宙演化示意图

第一批被解放出来的光子弥漫整个宇宙，形成背景辐射，随着宇宙膨胀，这批最早的光子的波长也随着空间膨胀而拉长，其频率降低，现在宇宙背景辐射差不多在微波附近，这就是宇宙微波背景辐射（Cosmic Microwave Background，CMB）。在频率谱方面CMB是完美的黑体辐射，从角分布上看，CMB在大尺度上是各向同性的，从哪个角度看都差不多。但是探测技术发达以后，人们发现CMB的温度有很小很小的涨落，并不是哪个角度看上去都差不多，而很多有关宇宙的信息就包含在这各向异性的分布中。

从CMB形成开始，以后各种宇宙演化过程或多或少都会有CMB的光子掺和一下，宇宙极早期的一些过程，比如重子声学振荡（当重子与电子还没有复合时宇宙间传递的"声波"，声波的参数和宇宙早期的物质组分、空间曲率、初原涨落等都有关系），也会在CMB留下蛛丝马迹。因此CMB中蕴含丰富的信息。

◆ ◆ ◆

20. 我们怎样确定宇宙中天体的位置？我们怎么知道一个几亿光年远的天体在哪里？

要确定一个天体的位置，我们需要了解它相对于我们的方位和距离。描述方位有很多方法，常见的赤道坐标系假设有一个包围地球的天球，然后把天体投影到球面上，用类似地球经纬度的概念给出天体在球面上的坐标。对于距离的测量，古老的传统方法是三角视差法，地球在绕太阳公转时，待测天体在天球上的位置在半年内会有一个角度变化，如果我们知道了地球的公转半径，就可以利用简单的几何关系测出天体的距离。对于更遥远的天体，我们可以利用超新星测距。一类Ia型超新星的光度是恒定的，可以用作标准烛光，利用观测到的亮度就可以换算出目标天体和我们的距离，所以它可以作为宇宙中距离的参照物。2011年诺贝尔物理学奖就授予了利用超新星测距发现宇宙加速膨胀的三位科学家。
当然还有很多其他的测距方法，这里就不再一一叙述了。

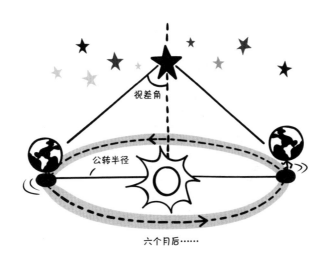

・・・

21. 请问气态行星真的都是气体吗？气态行星为什么没有变成固态呢？有纯液态星球吗？

气态行星当然并不只有气体，它只是外表看上去是气态的；气态行星
的结构一般是，外层为气态分子，向内压强升高，分子凝聚成液态，最
里面是固态内核。

例如木星，它外层是一层氢、氦混合气体，往内大概 1000 千米，逐
渐由气态变成气液混合态，然后变成液态金属氢；液态金属氢再往中心下
降大约木星半径的 78%，里面有一个固态内核（不过目前内核的存在还属
于模型猜测阶段）。所以严格意义上来说我们叫它气态行星并不准确，因
为它大部分（无论是质量还是半径）都是固态和液态的。当然我们也可以
这么来理解，气态行星就是表面只有气体的行星；而固态行星，像地球、

火星，就是其表面有固态陆地的行星（事实上，我们知道地球内部是液态的熔浆）。

其实行星上的物质（从内核到外层）是固态、液态还是气态，取决于其组成物质、质量、压强、温度以及存在的环境等。在真空中，纯液态的星球是不可能存在的。只需考虑这一点，液态和真空之间需要存在过渡。要么引力太小，液态分子渐渐扩散到真空中，挥发干净；要么在引力作用下，物体内部是液体，外层包裹着气体（就是木星去掉固态内核的那种情况）。一个误导我们认为纯液态行星能够存在的画面，我想应该是电影中飞船里飘浮着的水滴。但我们不应该忽略它存在的环境——飞船内压强是一个标准大气压。

◆ ◆ ◆

22. 新的星星是怎么形成的？宇宙不是倾向于通过熵增来演变吗？

新的星星就是指新的恒星吧。星际空间中充满了星际介质，而且星际介质的分布很不均匀，就拿银河系来说，大约一半的星际介质集中在

2% 的星际空间，这些相对致密的区域称为星际云。

在星际云的最致密的核心区，分子可以存活，这些暗云被称为分子云，新的恒星就起源于此。当分子云变得足够致密，质量足够大且温度足够低（使得压力足够低），自引力大于压力的时候，分子云就会发生坍缩，因为分子云密度分布不均匀，较致密的区域比其他区域坍缩得更快，就会裂变成很多分子云核，尺度数光月的分子云核就是恒星形成的种子。分子云核中心坍缩比外层坍缩快，中心与外层分离，由里到外一层接着一层自由落体坍缩，角动量守恒使得下落物质形成吸积盘，吸积盘供养中心正在成长的原恒星。质量为 8% 到 10000% 太阳质量的原恒星再经过一系列演化就会成为主序星（太阳就是一颗主序星）。

至于宇宙演化的方向问题，不太严谨地说，分子云在坍缩成原恒星的过程中，本身熵的确是减少了，但它还会不断地向外辐射能量，外部的熵增加了。更严谨地说，自引力系统可以推出其无法达到平衡态（整个宇宙就是一个自引力系统），故热力学不适用，也就谈不上熵增原理。

◆ ◆ ◆

23. 引力弹弓如何实现加速？从能量守恒考虑，它的能量应该不变，有气体阻力时还会减小，那速度为什么会增大？

考虑能量守恒时，我们要考虑的不仅仅是我们要发射的"子弹"——假设这就是飞行器吧——还要考虑与其发生相互作用的"弹弓"。假设"弹弓"是一颗行星，这个两系统遵循能量和动量守恒。

我们从简单的推导可以得出结论，二者的相对运动速度不会发生变化，假设行星速度为 U，飞行器速度为 V，二者初始相向运动，那么相对运动速度为 $U+V$；待飞行器绕过行星，二者的运动方向同向，而行星的运动速度基本不变（其实略有减小，但可以忽略不计），那么飞行器的实际运动速度就变为 $2U+V$，如此便实现了加速。

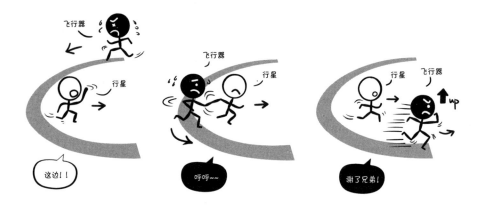

当然，这只是一个简化的推导，不过我们所说的正是《火星救援》中 NASA 的黑人小哥所提出的救援方案。实际上引力弹弓效应的确被用来为航天飞行器加速，美国于 1977 年发射的"旅行者 1 号"探测器在经过木星和土星时便是通过引力效应加速的，2014 年 9 月 13 日它终于飞出太阳系，成为首个冲出太阳系的人类制造的飞行器！

◆ ◆ ◆

24. 为什么地球等天体是圆的？

假设现在有个星球是正方体。

接着喜闻乐见的 bug 出现了——

如果说正方体的体心到面心的距离是 R 的话，那么正方体的体心到顶点的距离就是 $R^{1/3}$。也就是说顶点离星球的中心更远，引力势能要大于面心的引力势能。要知道，整个宇宙都是些懒家伙，能在低能量的状态待着就绝不愿意在高能量的状态待着。

正方体星同学寻思耍个性的代价有点高，于是伸个懒腰开始把顶点附近的物质慢慢往面心附近捏。顶点慢慢往里面凹，面心慢慢往外凸。

什么？没有手怎么捏？

好问题。我们知道万有引力定律，说的是行星上每一块石头、每一块泥巴都对你有一个引力。而所有石头、泥巴的引力的矢量和就是行星对你的引力。

对一个正方体的表面来说，引力的方向并不是处处垂直向下的。比如，你站在面心靠左一点的位置，你的右边就会比左边有更多的石头、泥巴。这样加起来的引力就会有一个分量把你往面心那边推。

所以，引力就是捏泥巴的手。什么？行星上全是固体物质，固体形状不能随便改变？要知道，固体形状不能随便改变这点小脾气，遇到质量足够大的行星时就是个战五渣了，引力作用高兴怎么捏就怎么捏。

而正方体君会一直捏一直捏，一直到不能再继续减小引力势能了为止。（引力势能差不足以弥补捏的过程中带来的能量损失。引力没有很快捏平一座山，因为现在的山都太矮了，不划算，引力不屑于捏。）

于是当正方体君心满意足地停止捏泥巴后，它发现自己变成了一个球。

（说明：本题答案原载于知乎，作者 sym physicheng 就是物理君本人，因此不构成侵权。）

◆ ◆ ◆

25. 为什么行星的光环总是在行星赤道上空？

行星环一般被认为是行星的卫星进入行星的洛希极限内被行星的潮汐力撕裂而形成的，也有可能是其本身就在行星的洛希极限内，因为行星的潮汐力而无法形成卫星。不论是哪种情况，行星环形成的关键都是行星的潮汐力。行星的赤道平面上潮汐力最大，在行星潮汐力的牵引下，构成行星环的物质就会绕着行星赤道所在平面运动。

◆ ◆ ◆

26. 宇宙中目前已知的最高的温度是多少？在什么条件下产生？

不算宇宙大爆炸，宇宙中目前已知的最高温度在地球上，而且是人造的，它的值是 5.5 万亿摄氏度，制造方法是在欧洲核子中心的大型强子对撞机中把铅离子加速到近光速后再对撞。这个温度下即使质子和中子也会"融化"，变为一种叫作夸克－胶子等离子体的物态。

◆ ◆ ◆

27. 黑洞有温度吗？

这个问题大家不太熟悉，但是与它等价的另外一个问题，大家一定能栩栩如生地描述它，那就是黑洞的辐射问题。

这里还要再说一遍黑洞辐射的问题：霍金发现黑洞的能量可以注入虚光子，使得这一对伙伴远远地分开，其中一个光子坠入黑洞，而另外一个光子失去湮灭的伙伴。留下来的光子将从引力中获得飞离黑洞的能量和动力，在它的伙伴坠入黑洞时，它将飞出黑洞，这一过程在黑洞视界周围反复发生，从而形成了不间断的辐射流——这是考虑量子效应的结果——远处的观察者能观测到与辐射对应的温度，该温度由黑洞视界处的引力场强度决定。

这个问题的起源即是"黑洞熵"。根据广义相对论，黑洞内部应该是高度有序的状态，这显然违背了熵增原理。霍金在研究中发现，如果能为黑洞赋予一定的非零的温度，就能很好地解决这个问题。借助相对论和量子力学有限结合的部分，冗长的计算得到的最终答案是：黑洞有熵，也有温度。以三个太阳质量的黑洞为例，其熵约为 1 后加 78 个 0，其温

度约为 10^{-8} 开尔文。

◆ ◆ ◆

28. 为什么黑洞会蒸发呢？

因为根据量子场论，真空可以凭空产生正粒子 - 反粒子对。正常情况下产生的正反粒子对过一段时间后又会互相撞到一起凭空消失，即湮灭。

但如果正反粒子对刚好产生在黑洞的边界上，那就有可能一个粒子掉进黑洞中，另一个粒子在黑洞外面。进入黑洞的东西永远不可能再出来，于是没有掉进黑洞的那个粒子就无法湮灭了，只能继续在空间中流浪。

这个过程的结果就好像宇宙中凭空多出来了一个粒子。事实正是如此，不过付出的代价是黑洞的等效质量少了一个粒子，相当于黑洞向外界蒸发了一个粒子。这就是霍金提出来的黑洞蒸发。

◆ ◆ ◆

29. 大恒星死亡后会形成黑洞，那么黑洞会不会死亡并形成其他天体？

会通过霍金辐射辐射出粒子并逐渐消失蒸发掉，不过速度非常慢，质量越大辐射得越慢。一个太阳质量的黑洞辐射等效的温度只相当于 60 个纳开尔文，也就是仅仅比绝对零度高了 6×10^{-8} 开尔文。而一个和月球同质量的黑洞辐射等效的温度差不多有 2.7 开尔文。这有多小呢？它意味着，像太阳质量那么大的黑洞要彻底蒸发消失，需要耗费 10^{67} 年，而宇宙的年龄大约才 10^{10} 年。

30. 宇宙的年龄是130亿年。从宇宙诞生算起，光难道不能走130亿年吗？为什么我们能观测到的宇宙有970亿光年？

宇宙的年龄大约是130亿光年，这个时间是通过各种方法综合得出的，其中一种就是先寻找宇宙中最古老的白矮星，再考虑形成白矮星之前恒星的演化，以及恒星演化和宇宙诞生在时间上的关联，综合这些因素推算出宇宙的年龄是130亿～170亿光年。

而所谓的可观测宇宙是970亿光年，指的是我们最远能看见来自970亿光年远的地方发出的光子。宇宙是在不断膨胀的，根据哈勃定律，距离我们越远的东西膨胀的速度越快，且空间的膨胀速度是能超过光速的。（因为此过程并不携带质量和信息，所以不违反相对论。）这就使得光子在到达地球时，其光源的距离比它发出该光子时离我们的距离要远，所以我们能观测的最远距离比光速乘以宇宙的年龄要远。

◆ ◆ ◆

31. 什么是宇宙学红移？什么是引力红移？什么是多普勒红移？

多普勒红移是指，如果一个发光源一边发着光一边以一定速度远离你，那么你看到该发光源发出的光的频率就会变小（程度取决于这个速度有多接近光速）。

引力红移是指，一个光源从一个有很大引力的天体往外发射光线，这个光线的频率会变小，变小的幅度取决于引力的强弱。光线的频率变小意味着光线的能量变小，能量变小的原因可以认为是一部分能量拿去克服引力了。（这个说法并不严谨，因为在强引力场下定义引力势能并不是一件很简单的事。）

宇宙学红移是指，宇宙在膨胀，离我们越远的天体就以越快的速度远离我们，所以我们看到的它们发出的光的频率变小了。

32. 在暗能量主导的宇宙中，宇宙会以近似指数加速膨胀。既然宇宙中任意两点间的距离都在不断增大，那为什么星系或者更小的结构不会被撕碎呢？

先科普一下弗里德曼方程。这是一个描述宇宙几何结构的方程。宇宙的任何一点都在以一定速度远离彼此，就像一个正在吹大的气球的面一样。不过，我们的宇宙是一个四维气球的三维面（如果不考虑时间的话）。要注意区分束缚态和非束缚态哦。空间中的物质并没有被某个钉子钉在某一点，它们可以在空间中自由移动，当然，这依然要服从物理定律。对于束缚态的系统（比如单个星系），它自身并不会随着空间的变大而变大。如果还是觉得含糊，你就想象气球上放两个吸在一起的小磁铁，吹大气球它们也并不会分开。空间膨胀效应要通过互相自由的系统才能观察（比如相距遥远的两个星系）。

◆ ◆ ◆

33. 太空中的反物质是否能被观测到呢？如果可以，应该怎样观测？

我们知道，我们眼前所见的桌子、椅子、手机、电脑都是由原子组成，而原子是由质子、中子和电子构成，这些我们称为正物质。当然这么定义只是为了和反物质区别。而所谓反物质，即除了质量外，其他所有性质都和正物质相反的物质。

比如，电子质量是 9.1×10^{-31} 千克，电荷为 $-e$；它的反物质正电子的质量也是 9.1×10^{-31} 千克，但电荷却是 $+e$。质子、中子或者夸克等也都一样，我们还可以用反质子、反中子等合成反原子。

反物质和正物质（例如电子和正电子）一旦相遇就会湮灭，变成高能光子或者其他正反物质对。那这就有一个问题，茫茫宇宙中几乎全是正物质，反物质岂不分分钟被湮灭了？是的。按照现有的说法，宇宙早期 CP 被破坏，导致正物质比反物质稍微多那么一点儿。结果就是，反物质湮灭了，正物质还剩了一点儿，构成了我们现在的手、脚和大地。

那么太空中是否还有反物质呢？有的。虽然宇宙早期的反物质湮灭了，但太空中的那些高能粒子相互碰撞的过程还是会产生反物质的。太空中的物质太稀薄了，反物质在与正物质碰头湮灭之前还能跑很远的距离，或者说能"活"好长时间。有多少反物质呢？不多，反质子只是质子的1/10000（GeV量级）。

介绍了这么多背景知识，现在来回答问题。反物质能不能观测？如果能，怎么观测？当然能，要不我们怎么知道它存在呢？最早的反物质（正电子）是通过威尔逊云室观测到的。方法其实很简单，加个磁场，一个粒子过去后，云室中的气体会被电离，描出一条轨迹。测一下轨迹半径，用笔算算，人们发现这个粒子质量、电荷和电子完全一样，只是它往左偏了，而电子是应该往右的。于是我们发现了正电子。

现在太空中有很多探测器，例如丁肇中主持研究的阿尔法磁谱仪，我们的猴哥"悟空号"，以及费米实验室等，其原理都差不多，只不过不再用云室，改成硅板了。

◆ ◆ ◆

34. 宇宙膨胀，距离越远的星系退行速度越快，请问这个退行速度可以超过光速吗（尽管空间膨胀和相对运动不是一回事）？

这是可以的。而且由于超光速无法传递信息，所以那些星系我们再也看不到了。我们能够观测到的宇宙是有一个范围的。

◆ ◆ ◆

35. 中子是电中性的，但是中子星的磁场是哪里来的呢？

中子虽然是电中性的，但是实验发现中子内部是有非中性的电结构的，概括来说中子主要由 3 个带电的夸克构成，夸克在中子中不断"运动"进而产生磁场。因此，中子带有非零的磁矩（约为 -9.66×10^{-27} 焦耳 / 特斯拉）。中性的原子甚至宏观物体（比如磁铁）的磁性也源于其中的电结构。

虽然说中子本身具有磁矩，但是对脉冲星（中子星的一种）的观测发现，脉冲星的磁场之强远非仅靠中子磁矩能够达到。这其中必然有其他的磁化机制存在。（目前人类观察到的中子星表面磁感应强度甚至可达千亿特斯拉，而实验室中 2018 年的最新纪录也仅仅是 1200 特斯拉的脉冲磁场。）中子星虽然名为中子星，但是中子星里面还是存在一些电子和质子（占十几分之一的质量），并且其中的电子是相对论性的高度简并电子，在费米面附近的能态密度远远大于非相对论性电子。这些电子才是中子星强大磁场的主要来源（至少现在的理论是这么认为的）。中子星的强磁场主要源于在前体恒星磁场诱导下相对论性强简并电子气的泡利顺磁磁化。

综上所述，中子虽然是电中性的，但是中子仍然拥有磁性；虽然中子拥有磁性，但是中子磁矩并不是中子星磁场的最主要来源。

参考文献：https://www.smithsonianmag.com/smart-news/strongest-indoor-magnetic-field-blows-doors-tokyo-lab-180970436/。

◆ ◆ ◆

36. 把一个速度非常接近光速的粒子射向黑洞，那么这个粒子的速度是否有可能超过光速？在狭义相对论中，具有静止质量的粒子无法被加速到光速是因为质量会增大，但是如果把一个速度非常接近光速的粒子射向黑洞，因为引力质量和惯性质量是一致的，这粒子仍然有很大的加速度，所以它有可能超过光速！请问这个想法哪里出现问题了，有没有关于这个问题的文献？

物理君必须说,这个问题提得非常好!这也许是我们目前收到的问题中最好的一个。物理君要表扬题主这种充满想象(但又没有无视科学原理)的思辨。

这个问题在狭义相对论中是无法解决的。你必须到广义相对论里面去,考虑黑洞的引力场对时空的弯曲。事实上,如果你站在一个远离黑洞引力场的静止参考系中看另一个人以近光速掉进黑洞。他越接近黑洞,视界相对你的时间流速就越慢,所以你事实上看不到他超光速。相反,你会看到他越来越慢地掉入黑洞,甚至在视界上完全静止下来。也就是说,由于引力效应,在你的参考系中,他要花无穷长的时间才能掉进黑洞。

而在他自己的参考系中,黑洞相对他近光速运动,他会在有限时间内掉入黑洞。而且他看到的黑洞也并不会超光速运动。你要记住,速度是矢量,现在是弯曲空间,比较弯曲空间中不同点的矢量要格外小心,不能直接照搬平直空间中的结论。

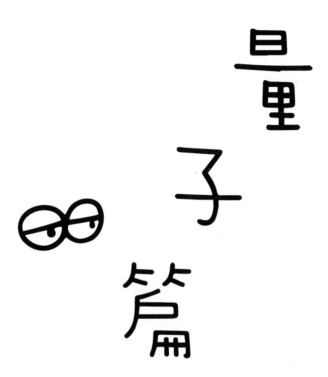

量子篇

01. 网上说薛定谔的猫既死了又活着，那么薛定谔的猫的意义到底是什么？

微观粒子具有波粒二象性，在量子力学中用一个波函数来描述。而波函数具有一个重要的性质：它可以展开成若干个本征状态的叠加，这叫作态叠加原理，就好比一个粒子可以既是自旋向下的状态又是自旋向上的状态。这是一种很难直观想象但是却被无数实验证实了的微观世界的特征。在薛定谔的猫的实验中，某个粒子处于衰变与不衰变的叠加态，而实验仪器规定一旦粒子衰变则释放毒气将猫毒死。所以既然粒子可以处于衰变与不衰变的叠加态，与粒子衰变绑定在一起的猫的性命是不是也就处于生和死的叠加态了呢？

必须澄清，用现代的观点来看，薛定谔的猫是一个比喻性大于严肃性的思想对象。态叠加原理虽然也可以直接运用到宏观物体上，但我们通常不这样做。不这样做的原因是量子叠加，量子纠缠这些现象其实非常脆弱，需要非常小心地保护。宏观物体时时刻刻与环境进行无法避免的相互作用，这些相互作用会很快破坏掉脆弱的量子态。一个宏观物体哪怕一开始处于量子叠加态，它的量子叠加态也会迅速因环境相互作用的扰动坍缩掉。这个时间尺度是极快的，快到人根本无法察觉。这个过程叫作宏观物体与环境作用的热退相干。也正因如此，量子力学虽然一直是对的，但你在现实生活中从来就不会看到一只猫处于死活叠加态。

这是一个初期提出来时非常生动且非常有启发性的物理学比喻，但由于过于生动，后来反而误导了不少非专业人士。为薛定谔老师擦把汗。

◆ ◆ ◆

02. 什么是量子纠缠？

要理解量子纠缠态，首先你要理解什么叫量子叠加态。在经典物理里，事物都有确定的状态。一个物体在 A 点，那么这个物体就不会同时处于 B 点。但在量子力学里，物体可以同时处在 A 和 B 两个不同的点。这种状态就叫作量子叠加态。此时，我如果对这个物体的位置进行精确测量，那么这个物体会随机出现在 A 和 B 中的一个点。这个过程叫坍缩，对应外界测量（扰动）改变叠加态概率幅的分布。

至于量子纠缠，以两个物体为例，比如两个电子，如果我们说这两个电子处于量子纠缠态，那就意味着当我们对其中的一个电子进行测量（扰动），改变了这一个电子的量子态时，另一个电子的量子态也立即发生变化，尽管我们并没有对另一个电子进行测量，而且这两个电子可能相距非常远。

需要特别提一下的是，量子纠缠是瞬时传递的，没有光速的限制，但由于量子纠缠无法传递信息，所以量子纠缠并不违反相对论。

03. 处于量子纠缠态的粒子可以在瞬间传递自旋信息，那么它们能不能传递能量？

量子纠缠态是不能传递信息的，更不必说能量了。纠缠态能够瞬时改变的是波函数的状态。这是两个概念。

比如，有两个处于纠缠态的粒子，一个在地球上，一个在天狼星上，两个粒子都可能自旋向上或者自旋向下，但出于某些原因，两个粒子的总自旋一定为 0。如果我们通过测量发现地球上的那个粒子有向上的自旋，那么有些说法会说，这时候天狼星上的那个粒子的波函数瞬间从既可以向上又可以向下的状态变成了只能向下的状态。

这个过程叫作波函数的坍缩。

但是请千万注意，波函数本身并不能被直接测量（能被直接测量的是它的模平方），所以它并不直接对应一个物理实在。因此，它的坍缩并不是那种真有什么可观测物体"轰的一声垮掉"的过程。说得准确一点就是，这不会产生任何可观测的效应。不能产生可观测效应，这自然就不能传递信息，于是也不违背相对论的限制（信息传播速度不能超过光速）。

我们可以再说清楚一些。信息到底是什么？信息就是一种能够把一个大集合映射到一个小集合的有用的"知识"。比如，"物理所在保福寺桥"这句话就是信息，因为它把物理所从宇宙任何地方映射到了保福寺桥。再比如，"比赛赢了"也是信息，因为"输 / 赢"映射到了"赢"。

我们来看一下纠缠态为什么不能传递信息。比如，我坐在天狼星里，想知道奥运会中国赢没赢，我心想，这隔着几光年呢，只能用量子纠缠看转播了。我跟地球那边已经约定好，我测到自旋向上就表示赢了，自旋向下就表示输了。既然波函数是瞬时坍缩的，我测一下我的自旋不就立刻知道输赢了吗？但问题是，地球那边并不能调控自旋是向上还是向下。地球那边测到什么自旋是完全随机的，而且这个随机性是量子力学自带的，没有任何办法消除掉。所以，虽然有约在先，但地球那边并不能操纵自旋的观测结果，所以我在天狼星上测到的自旋朝向并不能缩小"输/赢"这个集合，没有任何信息，只能乖乖地等八九年后光线传过来了。

（最后再说一点，虽然波函数不对应真实物理，但纠缠效应是客观存在的。这个有贝尔不等式做证明。）

◆◆◆

04. 量子计算的原理有没有通俗的解释？

哈哈，这个问题透着高冷啊。那么小的就来尝试着给您通俗地解释一下吧。

传统计算机的基本单位是二进制的比特 0 和 1。实际系统中用高电平表示 1，用低电平表示 0，我们把这些高低电平反复通入与门、或门、非门这样的逻辑电路中，让初始的 01011110……在逻辑电路中不停地演化，这样我们就实现了一次经典计算。

在经典系统中我们用电平的高低来表示 0 和 1，那么系统要么处于 1，要么处于 0。量子系统就不同了，在量子系统中我们用量子态来表示 0 和 1，而量子态是可以叠加的。比如我们用态 |a> 表示 0，态 |b> 表示 1，那么态 |a>+|b> 就表示既 0 又 1。这样有什么好处呢？好处太大了！比如给你两个既 0 又 1 的量子比特。把它俩的态再量子纠缠在一起，那么它们就有 00、01、10、11 四种可能的状态。你把这样的量子比特通入逻辑电路中，相当于同时做了 00、01、10、11 四组经典比特的计算。如果你把三个量子比特纠缠在一起，那就相当于同时做了 8 组经典比特的计算。如果纠缠四个量子比特，那就相当于 16 组。量子态是可以叠加的，所以一次量子计算就能够对应很多次经典计算，原则上可以实现指数级的运算加速，但把很多量子比特纠缠在一起极端困难，所以目前技术上还有很多障碍。

◆ ◆ ◆

05. 什么是量子比特？什么是量子干涉？为什么会有量子干涉？

我们首先考虑经典的硬币问题，将正面的面积定义为 1，反面的面积定义为 -1，硬币正面法线方向和观测方向的夹角定义为 θ。不难发现，这个硬币面积沿任意方向观测到的面积投影为 $\cos\theta$。但是量子世界的硬币并不是这样的，在任何方向观测到的面积投影不是 1 就是 -1，只存在这两个值，没有介于 -1 和 1 之间的值。然而，对多个同样的硬币进行观测时，平均值将趋于 $\cos\theta$。这样的"量子硬币"就是量子比特。有人问，这怎么可能呢？可是这才是量子世界啊。

量子干涉也并非量子世界特有的现象，干涉是所有波都具有的性质。只不过量子干涉的波不是可以直接看到和触摸到的，而是概率波，数学上用波函数表示，其模的平方表示找到粒子的概率。当我们计算两列概率波叠加找到粒子的概率时，要先将波函数加起来再平方，而不是直接计算概率（平方）的和。这样得到的多余的项是干涉效应的直接数学解释。

我们没有回答为什么量子比特是这样的，也没有回答量子干涉的根本原因。但是科学家清楚如何精确地运用数学描述这一反常于直觉的现象。不过应当说，随机、纠缠、非定域等这些奇奇怪怪的特性正是量子世界的本质特点，与我们描述它的工具无关。

◆ ◆ ◆

06. 电子为何能从一个能级轨道跃迁到另一个而不经过两者之间的区域？

首先，电子的跃迁是典型的量子力学效应。而一旦涉及量子力学，我们就需要抛弃很多经典的概念，包括经典粒子与经典轨道的概念。根据海森堡不确定关系，一个粒子不可能同时具有确切的动量和坐标，即没有轨道的概念。造成这种情况的原因，我们大概可以认为是微观粒子的波粒二象性，即微观粒子并不像宏观的粒子那样看得见摸得着，它同时也是一种物质波，所以经典的轨道概念并不适用于微观物理（当然宏观粒子也有波粒二象性，但是其波动性太弱，完全不用考虑）。所以，在量子力学中不同的能级并不代表不同的"轨道"，而是代表粒子具有不同的能量以及相应的波函数（波函数描述粒子在某点出现的概率密度，因此原子周围的电子会呈现出电子云）。电子的能级跃迁是指电子从一个能量本征态跳到另一个能量本征态，而并不需要从一个"轨道"跳到另一个"轨道"，只是跃迁后的电子云形状会有所改变。

◆ ◆ ◆

07. 让夸克带上颜色有什么意义？为什么引入色荷这个概念？色中性又代

表了什么？

这纯粹就是物理学家的心血来潮。首先，夸克这样的微观粒子是没有颜色的概念的。这么设定可能是因为恰好有三原色，三原色合在一起恰好又是白色吧。所以想象力丰富的物理学家们就借用了颜色，来表示夸克有三种色荷，三种色荷的三个夸克束缚在一起形成色禁闭，组成色中性的质子、中子等。

（物理君感觉自己讲了个冷笑话。）

◆◆◆

08. 量子通信"绝对保密"应该怎么理解？

量子通信中有一个很基本的定理叫作量子不可克隆定理。它的意思是一个量子态不可能复制成一模一样的另一个量子态而不对原来的量子态产生影响。

窃听恰好就是一个复制过程：接收原始信息——窃听信息——将窃听到的信息复制再继续发送。

　　在经典情况下，信息的发送者和接收者无法察觉信息在传输的过程中有没有经历过窃听，所以存在着泄密的风险。

　　而在量子通信中，由于量子不可克隆，一个信息在传输途中遭到窃听，原来的量子态一定会发生改变，所以窃听者无法复制出一模一样的原始信息发送给接收者。这样接收者和发送者一核对马上就能发现信息遭到窃听的痕迹：发出端的量子态和接受端的量子态不一样。于是他们就可以及时地更换密文或者更换传输通路，实现通信的"绝对保密"。

◆ ◆ ◆

09. 能不能用通俗的语言描述量子力学和相对论的矛盾点?

　　量子力学已经可以和狭义相对论相处得很好了，这里的矛盾主要指的是量子力学与广义相对论的矛盾，也就是引力理论与量子理论的矛盾。

　　技术上，把引力强行量子化的时候会有不可重整化的困难，很多物理量会变得无穷大……

　　观念上，量子理论中引力是相互作用，靠玻色子传播，广义相对论中引力是时空弯曲。

　　广义相对论中时间和空间具有等价性，可通过洛伦兹变换相互转化。量子理论中时间是参数，空间是算符，时间和空间的数学结构都不一样。

◆ ◆ ◆

10. 量子是如何过渡到经典的?

　　这个问题可以由不同的角度去理解。

　　第一个角度是动力学方程的角度，量子的算符运动方程满足海森堡方程，进一步取平均值之后，我们可以得到平均值的动力学方程，这个经典的动力学方程是对应的，这就是所谓的 Ehrenfest 定理。

第二个角度关乎经典的运动轨迹，我们知道量子力学中，坐标动量是不对易的，$[x, p]=ih/2\pi$，所以我们看到，在 h 趋于 0 的时候，坐标和动量就变得对易了，所以我们可以同时确定粒子的坐标和动量。也就是经典的运动轨迹。

如果从路径积分的角度去理解，在 h 趋于 0 的时候，在最稳相近似下，所有的非经典轨迹都会相消，最后只留下经典的作用量所决定的轨迹。

最后补充一点，其实大家普遍相信在 h 趋于 0 的时候，量子会过渡到经典，但是这对应的具体情况，我们并没有完全理解，比如，我们不知道在量子混沌中，h 趋于 0 是如何过渡到经典混沌的。

◆ ◆ ◆

11. 在测量一个粒子的状态之前，科学家如何知道这个粒子的状态不确定？

这涉及量子力学的基本原理，也关系到对"测量"这个概念的理解。其实无论是经典测量还是量子测量，在测量以前，如果我们对被测对象缺乏必要的信息，我们是无法知道该对象的状态的（包括一个物理量是否是一个确定值），只不过我们认为经典情况下，被测对象的所有物理量在测量前后都是不变的。

然而，进行量子测量的时候，粒子坍缩为所测物理量的本征态，之前的态在测量的瞬间被改变。这个时候我们才知道哪些物理量是确定的，哪些是不确定的。所以可以这样讲，因为我们知道哪些物理量是确定的，所以我们才知道哪些物理量是不确定的，又是怎么不确定的（量子特性使得一个物理量是确定的，另外一个未必是确定的，比如位置和动量）。我们可以事先制备好一些相同的态进行测量（这样的测量仍然有意义，因为我们可能无法直接获知测得某个值的概率）。而制备的过程，本质上也是测量的过程，即，测量一个物理量，使系统坍缩为一个该物理量的本征态。

◆ ◆ ◆

12. 相对论和量子力学在现代社会的应用有哪些？

相对论的日常应用是 GPS 定位。GPS 定位的原理是不同位置的 GPS 卫星收到相同信号的时间不同，利用时间差和简单的几何可以定位信号源的位置。但根据广义相对论，轨道空间中飞行的 GPS 卫星和地球表面的时间运行速度并不一样快，所以 GPS 卫星定位技术必须考虑相对论效应。

量子力学的应用多了去了，它应用于所有的芯片！你能想象现代社会没有芯片吗？

◆ ◆ ◆

13. 爱因斯坦与玻尔关于"上帝掷不掷骰子"问题的争论，最后貌似是玻尔的量子论更胜一筹，请问为什么人们只知道爱因斯坦而不知道玻尔呢？

我相信，爱因斯坦比玻尔更著名的原因有很多。第一点，爱因斯坦的学术成就的确比玻尔高。20 世纪有两大物理学革命：玻尔带着海森堡、薛定谔、泡利和爱因斯坦、德布罗意、狄拉克、普朗克这一堆人一起（初步）完成了量子力学革命。另一边，爱因斯坦一个人完成了相对论革命。你说这让人怎么受得了。

第二点，对大众来说，相对论本身比量子力学更好理解，更容易接受，结论也更颠覆常人的世界观。

相对论："空间弯曲，时间变慢，星际旅行，质能转换。"

（大众："666，不明觉厉！"）

量子力学："猫同时既是死的又是活的。"

（大众："你是不是傻？"）

第三点，"二战"末的某个军事行动和"二战"之后的冷战对峙以及20 世纪 60 年代核物理的高速发展，使得原子弹几乎成为当时的一种流行文化（你们知道比基尼最早是一个核爆试验场的名字吗？），$E=mc^2$ 成为一个家喻户晓的物理公式，而缔造这个公式的爱因斯坦几乎成为大众心目中智慧的化身。再加上他老人家那极具辨识度的发型，俨然是一时的"时尚教父"。

最后说一点，爱因斯坦反驳玻尔时提出了一个 EPR 实验。后来证明爱因斯坦在 EPR 上的主张是错的，但 EPR 本身又成为了一个学科（量子通信量子信息）的源头。也就是说，学霸的错误都是对我们人类的巨大贡献。你说这让人怎么受得了？

14. 量子通信是基于量子纠缠的，是不是保护好这对量子就可以杜绝干扰和破解了？

的确，很多量子通信协议需要用到量子纠缠的性质，所谓的量子纠缠就是两个粒子间的非局域关联。量子通信的安全性是由量子力学的基本原理所保证的，是绝对的安全，与用于通信的纠缠对是否有被很好地"保护"基本没有什么关系。

根据量子力学原理，我们知道一旦对一个量子态进行测量，该量子态就会坍缩，即该量子态会被破坏。也就是说，当我们的量子通信信道被窃听时，该通信信道的原始信息就会被破坏，所以我们一旦发现信道中的信息被破坏了，我们也就知道信道被窃听了（例如，我们在通信时可以在通信信息中插入一些测试信号来测试信道是否安全）。另外，绝对地杜绝纠缠对被干扰是不可能的，因为我们用于通信的粒子必须处于一个环境，无法做到完全将其孤立起来，而一旦有了环境，该粒子就会与环境相互作用，从而使其量子态退相干，因此我们必须在量子态退相干前对其进行操作。现代的实验手段可以通过各种技术来延长通信粒子量子态的退相干时间，但无法做到完全没有退相干。

◆ ◆ ◆

15. 量子通信技术可以像现在的电磁通信一样实用化吗？普通市民能不能用上量子通信技术的手机？如果能，可以预见哪些新奇的功能呢？

量子通信主要的优点是，因为量子不可克隆，所以量子通信可以在理论上杜绝信息被窃听的可能性。

如果这里有什么民用新奇功能的话，那就是绝对的隐私安全，以及贵得非常感人的流量包。哈哈！

16. 量子计算机将如何改变世界?

未来，高性能的通用量子计算机（现在的量子计算机为专用机）将最先出现在科研人员的手中。当量子计算机出现的时候，就是现有加密体系失效的时候。除此之外，由于对微观状态有着非常好的模拟，无机化学，甚至整个化学，逐渐并入到物理学中。量子计算机超强的性能，会让那些与信息处理密切相关的学科，如生物信息学，获得较大发展。当然，如果这个时候可控核聚变还没有完全实现的话，相信量子计算机也会对此产生不小的推动。

在商用的量子学计算机出现并普及后，商人们能及时知道价格的波动。他们希望收集足够的数据来分析对手的行为，同时尽可能地隐藏自己的行为。这样的世界容易产生机器依赖主义，但同时产生的还会有反机器依赖主义。

在个人量子计算机出现并普及后，人们将享受更为便捷的生活。比如你才输入一个字，你的机器就会预测出你最想查找的东西，这个预测大部分情况下会是准确的。各种各样的电器则通过网络与一台服务器连接在一起，使用服务器进行计算。

当人类与量子计算机的往来日渐加深后，有关量子计算机的思想将进一步渗透进工程计算领域。一些新的基于量子计算机的算法会被逐渐开发出来，物理将成为程序猿们的一门课程。

借助量子计算对人类脑部行为的分析和模拟，大脑最底层的规律（虽然这些底层规律与表象还未联系到一起）也许会被人发现，不少人尝试做出脑机接口。基于对蛋白质功能的深入了解，人们甚至做出了可植入的计算机。从此，人类的思维能力不断提升，可植入计算机最终被写入基因当中。

（PS：以上内容是脑洞出来的，希望大家和我们一起大开脑洞！）

17. 什么叫费米面的嵌套（nesting），研究它的目的是什么？

用一句话回答的话，就是费米面嵌套指的是两套费米面的全部或部分区域可以通过在倒空间移动一个波矢而重叠在一起，其目的是解释一些体系中的相变，包括铁磁、反铁磁、铁电、电荷密度波等。

这一概念是从人们试图理解巡游电子体系中的磁性时开始有的。在很多情况下，一个材料的磁性是可以通过晶格格点上一个个局域的磁矩的行为来理解的。比如，顺磁对应磁矩随机排列，且在时间上指向随机变化，铁磁对应磁矩沿同一方向排列，而反铁磁则对应相邻磁矩反向排列。但是人们逐渐发现，在很多磁性材料中，电的行为是"金属的"，也就是说电子一定不是局域的。那么显然，电子携带的磁矩也不会是局域的，人们自然没办法从局域磁矩的角度解释为什么这些材料还会存在着磁性。

在这些体系中，我们可以清楚地观察到费米面的存在，如果我们把磁有序在倒空间的波矢放在其中一套费米面的某一点，就会发现该波矢连接到费米面的另一点。也就是说，如果我们按着磁有序的波矢大小和方向把其中一套费米面移动的话，就可以和另一套费米面全部或部分地重叠在一起，我们称之为"嵌套"。

我们知道，倒空间是对实空间做傅里叶变化得到的，那么这种倒空间的关联一定意味着实空间存在某种周期性的相互作用，从而带来了我们所需要的磁有序。由于倒空间内表示的是大量电子的运动，因此嵌套的存在通常也意味着集体电子行为。

费米面嵌套理论能够帮助我们理解电子之间相互作用不强的体系中为什么会发生无序到有序的相变（这也是为什么材料会表现出金属性）。不过，在实际应用中，它往往有点"马后炮"。最常出现的情况是，实验观察到某一有序态（比如反铁磁）以及费米面的形状之后，我们才可以通过分析两者之间的联系决定费米嵌套理论是否合适。当然，随着理论计算的长足发展，我们现在已经可以在有些体系中直接计算费米面形状并预测其磁有序等信息了（尽管不一定准确）。

特别致谢：感谢 S.L.Li 老师参与部分问题的讨论和回答！

◆ ◆ ◆

18. 泡利不相容原理背后的物理意义是什么？为什么会出现"不相容"的现象？

从现象上讲，泡利不相容原理指的是，没有两个电子可以处于完全相同的状态。

在量子力学中，泡利不相容原理是全同性原理应用在费米子系统时导出的必然结果。全同性原理说的是：全同粒子不可分辨。这要求多粒子体系的波函数在交换粒子的操作下是对称或反对称的。其中反对称（交换粒子后波函数差一个负号）对应费米子。为了简单说明这一点，我们考虑两个费米子的系统。记波函数 $\Psi(\alpha, \beta)$ 为粒子一和粒子二分别处于状态 α 和 β 的概率幅。全同性原理要求，$\Psi(\alpha, \beta) = -\Psi(\beta, \alpha)$，若要求两粒子处于同一状态，即 $\alpha = \beta$，那么必然有 $\Psi(\alpha, \beta) = 0$，概率幅为 0，也就是不存在两粒子处于同一状态的可能性。这就是泡利不相容原理。

值得一提的是，泡利于 1924 年提出以泡利不相容原理解释元素周期律，但是在 1940 年才推导出自旋和统计性质的完整理论。科学发展史是符合人的认知过程的，从表象到本质，从具体到抽象。而往往抽象的东西代表着我们对世界最可靠的理解。在学习和研究自然科学的同时，多了解一点科学史对于科学内容本身的理解也是大有裨益的。

◆ ◆ ◆

19. 量子反常霍尔效应是什么？

要明白量子反常霍尔效应，就得从霍尔效应说起。从 1879 年到现在，霍尔效应家族越来越庞大。要彻底地理解这个问题需要太多的专业知识，我们这里只是粗浅说明一下。

经典的霍尔效应是指，对磁场 B 中放置的导体，当电流 I 垂直于磁场 B 时，在同时垂直于电流和磁场的方向上，导体两侧会产生电势差，即霍尔电压。这本质上是载流子在磁场中运动、受到洛伦兹力偏转导致的效应。经典霍尔效应的霍尔电阻（霍尔电压与纵向电流的比值）是随着磁场连续变化的。

说完"经典"就可以说说"量子"了。量子霍尔效应指的是低温强磁场时，霍尔电阻不再随磁场连续变化，而是会在一些特殊值处出现不随磁场变化的恒定值平台，这些平台出现在朗道能级被电子整数（或特殊分数）填充时。有趣的是，平台出现时，纵向电阻（就是电流方向的电阻）为 0。这表明在平台出现时，电子输运耗能极小。

可是量子霍尔效应运用到实际中有个很强的限制，需要外加强磁场！量子反常霍尔效应解决了什么问题呢？就是在一些特殊材料中，材料本身就具有很强的内部磁场，这个时候就不需要再外加磁场，也能产生量子霍尔效应了，这也就是它的"反常"所在。量子反常霍尔效应不仅仅是物理理论上的突破，同时也是技术上的革命。低能耗的导电材料的应用前景不言而喻。

◆ ◆ ◆

20. 量子力学的第五公设说全同性粒子是不可区分的，它们不能编号，但可以定义交换算符，这是不是自相矛盾？

问到点子上了。首先，第五公设当然是不能随便违背的了。不过在具体操作层面的时候，波函数又不是自己就知道它应该服从第五公设的。所以我们需要将第五公设翻译成数学语言，这样我们就要先给粒子编号，然后再对编号的粒子波函数进行重新组合使它们满足对称／反对称关系。然后这些重新组合的波函数才能满足第五公设的要求。但这里要注意我们在对粒子编号的时候实际上引入了一堆物理上没有对应物的冗余的自由度。这种自由度就是以后很多高等课程中会提到的"规范自由度"。规范自由度不影响物理结果，所以这里我们权且把它当成一种数学上的处理技巧。

但有时候自发对称性破缺的系统可能会伴随着规范结构的改变，将会等效地导致一些物理结果，这是后话，此处暂不考虑。

◆ ◆ ◆

21. 电子遇到正电子会湮灭，为什么遇到同样具有正电荷的质子不湮灭，而只会围绕质子旋转呢？

质子是可以与电子发生核反应的，最常见的反应方式是轨道电子俘获，这也是放射性同位素的衰变方式之一。一些质子含量高的原子核由于其自身的不稳定性，可以通过弱相互作用吸收一个内层轨道电子，使得其内部的一个质子变成中子并放出一个电子中微子，反应式如下：

$$p + e^- \rightarrow n + v_e \qquad (*)$$

一个具体的例子是同位素铝 26（比稳定同位素铝 27 少一个中子），它可以通过轨道电子俘获衰变成镁 26：

$$_{13}^{26}Al+e^- \rightarrow {}_{12}^{26}Mg+v_e$$

当然，铝 26 也可以通过 β^+ 衰变生成镁 12，它们的总半衰期是 70 万年左右。铝 26 可被用于陨石年龄的测定，在天文学上非常重要。

至于单独存在的质子与电子发生反应乃至"湮灭"，这是非常困难的事情。根据粒子物理反应中的强子数守恒原则，可以证明质子与电子的反应至少要产生一个重子（由三个夸克或反夸克组成的粒子，如质子、中子、Δ 粒子、Λ 粒子等），而质子是最轻的重子，这样如果质子与电子发生反应，生成物总会比它们更重，比如对于（*），中子的静止质量是大于质子与电子静止质量之和的。因此根据质能守恒，必须有极大的额外能量才能使得像（*）这样的反应发生，比如对于轨道电子俘获，这部分能量来自原子核内一个质子转换为一个中子之后其重子排布结构的改变，即原子核结合能的改变。对于单独存在的质子与电子，为了使反应发生，一种方式是在粒子加速器中让它们高速对撞，另一种方式是极大地增加压强，没错，后者正是中子星的形成方式。

◆ ◆ ◆

22. 为什么在 α 衰变中，原子核在放射出 α 粒子（氦核）的过程中，放射出的氦核不会捕获核外电子变成氦原子，而是穿透出了电子云却没有概率引发其他的扰动？

能量相差太多。核反应射出的 α 粒子的动能是 MeV 量级的，电子和原子核的结合能是 eV 量级，相差了一百万倍。

这道理就跟你不能空手接子弹一样。

23. 量子场论中真空中仍有能量，也就是零点能，为什么？

量子场论预言所有玻色子与费米子都有对应的基态能量，也就是问题所提到的真空所拥有的能量。

不放入任何粒子，那么真空不会含有任何能量，因为它就是纯粹的真空，空无一物，空乏无味。但是我们的世界精彩多了，这里有壮丽非凡的繁星以及种类繁多的生命形式。无论这些物质的形态如何，它们都是由最基本的粒子构成的，因此我们所存在世界的真空并不空。它其实充满着"表现"这些粒子的场，正是这些场的激发创造了基本粒子（构成我们世界基本组分的粒子）。

场的激发可以类比海洋表面的波动。量子场是不平静的，因为你无法知道场确定位置的具体波动状态（这就是不确定性原理）。这种源于量子力学基本原理的量子涨落会产生一个绝对的零点能，也就是场存在于真空所拥有的最小能量（严格地说是最小的能量密度，真空是没有边界的，因此体积是发散的）。因此，真空中的零点能完全是量子效应引起的不可消去的绝对的能量。如今，可观测的宇宙正在加速膨胀，现今理论为此在爱因斯坦场方程中引入宇宙常数项 Λ。宇宙常数 Λ 所代表的物理意义就是真空的能量。但糟糕的是，人们观测的 Λ 值量级是 10^{-15} 焦耳 / 立方厘米，量子场论粗略估计的普朗克能标下真空能对应的 Λ 值是 10^{105} 焦耳 / 立方厘米。它们整整差了 120 个数量级！所以真空能的本质是什么？它产生的机制又是什么？这都是现今悬而未决的问题。

◆ ◆ ◆

24. 当两个粒子以相对速度为超光速相撞时会发生什么？根据爱因斯坦的相对论，时间会倒流，质量会变成负数，尺寸会变成负数，这成立吗？

爱因斯坦不背这个锅。一个电子相对于你的速度是 0.75c，一个质子相对于你的速度是 0.75c，并且方向与电子相反，那么电子相对于质子的速度是多少呢？1.5c？错，正确答案是 0.96c。牛顿体系的简单速度叠加原理（伽利略变换）并不能直接推广到相对论所讨论的情形中。这里要用洛伦兹变换。你想想：参考系一变，长度也变了，时间也变了，咋好意思就直接把速度加起来呢？至于问题中的撞到一起会发生什么，0.75c 的质子对应的能标是几百个兆电子伏。所以这就是一个典型的核物理的过程，多半是释放出伽马射线把能量辐射出来。

◆ ◆ ◆

25. 光子能量是由光子的频率 $E=h\nu$ 决定的，那么假设光源发出一个频率为 ν 的光子，那么光子带走的能量是 E，那么一个接受光子的装置在此过程中向光源移动，根据多普勒效应，接受光子的装置接收到的光子的频率 ν 就会增加，那么光子转移到这个装置上的能量 E 就会比原来的能量要多，那么这是不是凭空多出来的一截能量？那能量岂不是不守恒了？

这是一个很好的问题，提问者是自己在思考的。

答案是，频率就是会变。而且我们还用这个频率的变化测量遥远天体与我们的相对速度和相对距离呢（哈勃定律）。

因此，你在不同参考系下测到的能量就是不同的。这没什么，回答这个问题甚至都不需要涉及相对论。

只需明确一下能量守恒定律的确切意义。在现代物理中，能量守恒定律的来源是诺特定律，是由物理定律的时间平移不变性导致的。根据诺特定律，能量守恒定律应该这么表述："在任意局域的惯性参考系中，能量不能凭空消失，也不能凭空出现，只能从一种能量转换成另一种能量。"

所以你看，在不同参考系下能量不同完全没有关系，只要在各个参考系下能量不会凭空出现和消失就可以了。或者换种说法，能量守恒定律不要求宇宙中存在一个"绝对的总能量"（它可以视参考系而变），只要能量从一种变为另一种的变化过程中是前后守恒的就可以了。

索 引

| 脑洞篇 |

｜学习篇｜

量子篇

致　谢

　　本书要感谢中科院物理所"问答"栏目背后的的问答团队，这个团队有来自物理所的研究生，包括程嵩（本辑收录问题主要回答者之一）、李治林、张圣杰、薛健、曹乘榕、姜畅、吴定松、葛自勇、袁嘉浩、陈晓冰、陈龙、樊秦凯、纪宇、刘新豹、王恩、杨哲森、杨发枝等。同时也有很多所里科研一线的老师们直接回答了部分问题或参与了问题讨论，他们包括曹则贤、翁羽翔、戴希、梁文杰、李世亮、罗会仟、尹彦、陆俊、杨蓉等。

　　"问答"专栏还吸引了一批热心的所外问答志愿者，他们有中科院理论物理研究所的贾伟、北京理工大学的李文卿、中科院大连化学物理研究所的王事平、中科院国家天文台的何川、资深编辑潘颖等。还有以程卓和袁子等为代表的清华大学物理系物理 41 班 30 位小伙伴的倾情支持。感谢你们！

　　最后，希望物理所微信公众号"问答"专栏这样一个周更的互动平台能吸引越来越多的科学爱好者参与提问，同时期待更多所内外有志成为"物理君"的小伙伴加入我们的团队（直接在"中科院物理所"微信公众号留言即可哦）。

1分钟物理

中科院物理所 编

图书在版编目（CIP）数据

1分钟物理 / 中科院物理所编 . – 北京 : 北京联合
出版公司 , 2019.3（2021.7 重印）
ISBN 978-7-5596-0209-1

Ⅰ . ① 1… Ⅱ . ①中… Ⅲ . ①物理学—普及读物
Ⅳ . ① O4-49

中国版本图书馆 CIP 数据核字 (2018) 第 255931 号

选题策划	联合天际·边建强
责任编辑	杨 青 高霁月
特约编辑	兔形目
美术编辑	小圆子
插图绘制	靳 柳 沈安杨
封面设计	左左工作室

出　版	北京联合出版公司 北京市西城区德外大街 83 号楼 9 层 100088
发　行	北京联合天畅文化传播有限公司
印　刷	大厂回族自治县德诚印务有限公司
经　销	新华书店
字　数	160 千字
开　本	710 毫米 ×1000 毫米　1/16　13.5 印张
版　次	2019 年 3 月第 1 版　2021 年 7 月第 16 次印刷
I S B N	978-7-5596-0209-1
定　价	55.00 元

关注未读好书

未读 CLUB
会员服务平台